아이가 반항을 시작할 때

부모가 주도권을 가져야 아이가 행복하다

아이가 반항을 시작할 때

션 그로버 지음 | 장은재 옮김

라의눈

차례

부모가 아이를 가르치는 것처럼 보이겠지만, 사실은 그 반대다.
아이를 양육한다는 것은 부모 자신이 더욱 완전해지는 방법이다.

이케다 다이사쿠

당신은 어떻게 키워졌는가?
답은 거기에 있다!

아이와의 관계에서 뭔가가 잘못됐다. 그런데 잘못된 게 뭔지는 꼭 집어낼 수가 없다. 그것이 언제 시작되었고 어떻게 시작되었는지는 확실치 않지만, 아이와의 관계를 다시 정상화하고 싶다는 것만은 확실하다. 그것도 가능한 한 빨리 말이다. 문제는 단순하다. 부모로서 지금 어떤 행동을 해야 할지 갈피를 잡을 수 없다는 것이다.

당신은 스스로를 다독이며 생각한다. '긍정적으로 생각하자. 이건 그저 통과의례일 뿐이야. 이것도 지나갈 거야.' 당신은 긍정적 결말을 상상하며 최선의 결과가 있기를 바란다. 하지만 그런 생각들이 그다지 위로가 되지 않는다. 희망은 문제가 악화되는 것을 막지 못하고, 아이와의 관계가 삐걱거릴 때마다 당신은 여러 날 잠 못 이루었을 것이다. 그 마음, 잘 안다. 나도 그랬으니까.

아이를 키운다는 것은 어수선하고 복잡하며 생각도 못한 우여곡절이 끝없이 이어진다는 의미다. 당신에게는 이 문제들을 극복하기 위한 새로운 스킬이 필요하다. 그것도 시급하게! 엄청나게 헌신적인 부모조차 이런 질문을 하곤 한다.

"나는 잘못한 게 없는 것 같은데, 왜 이런 일이 일어나는 걸까?"

관계 리부팅rebooting 하기

당신이 기진맥진해서 전문가의 도움을 구하기 전에, 테라피나 행동 교정 프로그램 혹은 약물치료에 수십, 수백만 원을 낭비하기 전에, 아이에게 성격검사나 신경검사를 받게 하기 전에, 지금 당장 해볼 수 있는 몇 가지 일을 생각해보자.

아이들은 복잡하지만, 아이들의 욕구는 복잡하지 않다. 2장에서 곧 배우겠지만, 아이에겐 5가지 기본 욕구가 있다. 그 욕구가 만족되면 아이의 행동과 기분은 놀랄 정도로 빨리 개선될 것이다. 반대로 기본 욕구가 충족되지 않으면 당신과 아이의 관계는 한도 끝도 없이 어려워진다.

지나치게 심오한 분석이나 완고한 행동으로 상황을 더 망치지 말고, 단순함을 유지하면서 기본에 집중하자. 관계에 생긴 문제일 경우, 그 해결책이 빤한 곳에 숨어 있는 경우가 많다. 사실 당신과 아이의 관계를 치유하는 일은 당신의 생각보다 더 쉬울 수 있다.

예를 들어보겠다. 한동안 우리 집 주방 싱크대 아래서 물이 샌 적이 있었다. 온갖 방법을 다 동원했지만 번번이 다시 물이 새곤 했다. 기술자의 말로는, 배관이 잘못 설치되어 생긴 문제이므로 싱크대를 옮기는 것만이 해결책이라는 것이다. 싱크대를 옮기는 작업도, 배관을 교체하는 작업도 수백 달러씩의 견적이 나왔는데, 나는 그렇게 많은 돈을 쓸 생각이 없었다. 문제 상황이란 그저 물방울이 똑똑 떨어지는 정도였으니까.

나는 동네 철물점에 가서 나이가 지긋해 보이는 분에게 내 문제를 얘기했다. 내 말이 끝나자마자 그가 말했다. "나사받이를 바꿔 보시게나." 그에게서 35센트짜리 나사받이를 사와서 너트 밑에 설치하자, 물이 새는 일은 거짓말같이 사라졌다.

아이의 문제에 기겁해서 사회복지사, 심리학자, 정신과 의사, 심리치료 전문가(이들이 무슨 일을 하는지는 7장에서 자세히 설명할 것이다)를 찾아 나서기 전에, 자기 자신이나 배우자를 원망하고 질책하기 전에, 죄의식을 느끼며 불면의 밤을 보내기 전에, 잠시 시간을 내서 이렇게 한 번 생각해보자. 어쩌면 전면전이 필요치 않을지도 모른다. 즉, 나사받이의 교체가 필요한 순간일 수도 있다는 이야기다.

100년 전과 비교해보자

100년 전의 부모들과 비교해 요즘 부모들은 자녀 양육에 열성적이다. 아이를 이해하기 위해 열심히 노력한다. 자녀 양육을 다룬 책과 잡지를 읽고, 부모 역할을 알려주는 팟캐스트를 듣고, 관련 주제의 워크숍에 참석하기도 한다. 부모 역할에 대한 조언에 관해서라면 불확실성을 참지 못하는 부모들도 있다.

도대체 왜 이런 붐이 일어나고 있는 걸까? 부모라면 당연히, 자신의 아이가 자신보다 더 나은 어린 시절을 보내길 바란다. 나는 이렇게 헌신적인 부모야말로 자녀 양육 분야의 살아 있는 예술품이며 걸작이라 생각한다. 그들은 목적, 열정, 기쁨을 가지고 아이들을 키우며 아이들과 건강한 관계를 유지한다. 또한 자녀 양육에 힘을 쏟으면서 동시에 자신의 발전을 위해서도 노력한다.

자녀 양육은 치유 작업

만약 당신이 아이가 갖고 있는 5가지 기본 욕구를 충족시켜 준다면 어떤 일이 벌어질까? 당신은 아마 주의 깊고, 감수성이 있으며, 아이들을 존중하는 부모일 것이다. 그런데 그럼에도 불구하고 아이와의 관계가 여전히 재앙 수준에 머문다면 어떻게 해야 할까? 우리는 숨어 있는 원인을 찾기 위해 좀 더 깊이 들어가야 하고, 꽤 많은 노력이 필요할 것이다.

아이들과의 관계는 타인과의 관계와 다르지 않다. 즉 우연히 좋아지는 경우가 거의 없고 항상 노력이 필요하다. 당신이 타인과의 관계에서 어떤 문제를 갖고 있다면, 그 문제가 아이와의 관계에 나타나는 것은 시간문제일 뿐이다.

사실 우리의 나쁜 습관은 숨겨져 있다가 부모가 되었을 때 비로소 세상에 드러난다. 예를 들어보자. 우리는 가끔 자신의 나쁜 행동을 그대로 본받는 아이를 혼낼 때가 있다. 자신의 결점을 되풀이하지 않도록 하기 위해서이다. 그런데 정말 그것을 원한다면 우리는 새로운 스킬을 배워야 한다.

부모가 된다는 것은 자신의 결여되거나 손상된 부분을 수리할 기회를 얻는다는 의미다. 다시 말해 우리가 회피했거나 남에게 보이고 싶지 않은 부분을 복구할 기회이다. 부모가 가진 내면의 부조화는 아이들의 부조화를 일으키는 원인이자 동력으로 작용한다. 행복한 부모가 행복한 자녀를 만든다. 마찬가지로 행복한 아이가 행복한 부모를 만든다. 우리 내면의 부조화를 치유하는 일이 아이들과의 사이에 생겨난 부조화를 치유하는 첫걸음인 셈이다.

내가 진행하고 있는 자녀 양육 수업의 목표는 부모들이 자신의 생각과 느낌을 신속히 알아차리고, 아이들의 문제 행동에 반응하기 전에 정지 버튼을 누르는 법을 배우도록 돕는 것이다. 감정에 사로잡힌 상태에서 나온 반응은 말다툼을 격화시키고, 갈등을 키우고, 부모로서의 영향력을 감소시킬 뿐이다.

아이와 좋은 관계를 유지하기 위해서는 당신 삶의 역사를 파악하는 일까지도 필요하다. 이어지는 장에서 당신은 자신의 과거에 깊이 들어가, 그 같은 과거가 어떤 식으로 자녀 양육 과정의 선택들에 영향을 주었는지를 찾아낼 것이다.

▶ 당신은 어떻게 양육되었나?
▶ 당신의 부모가 가장 잘한 일은 무엇인가?
▶ 당신의 부모가 실패했던 일은 무엇인가?

당신의 경험에 대한 주의 깊은 탐색이 필요하다. 현재 부모로서 당신이 경험하는 느낌에 집중한 상태에서의 탐색은 당신의 이해와 공감 능력을 발달시켜 줄 것이다. 당신은 아이의 경험을 더 빨리 파악할 수 있게 되고, 더 많은 이해와 자비심을 갖고 반응하게 된다. 이해는 친근 감과 존중을 불러온다. 자신이 부모에게 이해받고 있다고 느끼는 아이들은 결코 부모를 거부하지 않는다.

내가 오래 전에 겪은 일이다. 한 서점에서 좋아하는 작가의 인터뷰가 진행되고 있었다. 해골처럼 비쩍 마르고 쇠약해 보이는 작가가 비척비척 마이크 앞으로 걸어 나왔다. 진행자의 첫 질문은 이랬다. "당신이 이룬 가장 위대한 성취는 무엇이라고 생각하나요?"

그는 작가로서 받을 수 있는 거의 모든 상을 받은 사람이었기에 대답할 거리는 무궁무진할 것이라 생각했다. 퓰리처상을 받은 극본일 수도 있고, 아카데미상에 노미네이트 된 대본일 수도 있었다.

그런데 그가 잠시도 망설이지 않고 대답했다. "제 아이들입니다."

그 순간 나는 소중한 교훈을 얻었다. 아이들을 잘 키워내고 그들과의 건강한 관계를 즐기는 것보다 더 위대한 성취는 없다.

이 책을 쓰게 된 이유도 바로 그것이다. 도전에 맞서 기꺼이 자신을 변화시키는 작업을 할 용의가 있고, 아이들과 더 나은 관계를 만들기 위해 노력을 아끼지 않는 부모들이 주인공이다. 이 책은 자신이 할 수 있는 한, 자녀에게 최고의 어린 시절을 선물하기로 결심한 부모를 위한 것이다.

자녀를 제대로 키운 데 따른 보상은 부모의 삶으로 되돌아온다. 불안과 분노, 몸에 밴 나쁜 습관에 시달리지 않으면서, 늘 자유롭고 행복한 아이를 세상에 내보내는 것보다 더 위대한 일은 없다.

건강한 관계란 우리가 아이에게 줄 수 있는 최고의 선물이다. 물론 부모 자신에게도…….

1장

당신만 자녀 양육이 어려운 것은 아니다

이 책을 펼친 당신을 환영한다! 세상의 많은 부모들이 자신에게 대들고 못되게 구는 자녀들 때문에 괴로워한다. 당신은 어떤가? 아이가 성장함에 따라 자연스럽게 있을 법한 말대꾸 정도를 말하는 것이 아니다. 실질적으로 부모를 괴롭히고 반항하고 난폭한 행동을 하는 것을 의미한다.

도대체 어떻게 해서 이런 일이 일어나는가?

불과 40~50년 전만 해도, 아이들이 부모를 괴롭히고 반항하는 것은 생각할 수도 없었다. 당신 역시 부모에게 난폭한 행동을 할 생각도 못 했을 것이다. 하지만 오늘날엔 많은 부모들이 자녀들로부터 괴롭힘을 당하고 있다.

동네에 하나씩은 다 있는 놀이터에 가거나 쇼핑몰을 들러보라. 고래 고래 소리 지르고, 떼쓰고, 자기 부모를 때리기까지 하는 아이들을 만나게 될 것이다. 틀림없다. 그렇게 시달리는 부모에게 미운 세 살(*발달 단계상 만 두 살 전후에 시작되는 반항기−옮긴이)은 영원히 끝나지 않는다. 미운 세 살은 끔찍한 4학년이 되고, 끔찍한 10대가 되고, 끔찍한 대학생이 되고, 그 이후도 크게 달라지지 않는다.

유전학이나 가족의 역사, 혹은 배우자(전 배우자일 수도 있다) 탓을 하면서 위안을 얻을 수도 있다. 하지만 그런 전술은 유용한 결과를 만들어내는 경우가 거의 없다. 책임 회피만으로는 관계를 복원하는 방법을 찾을 수 없고, 의도치 않게 아이들에게 괴롭힘을 당하고 있다는 느낌만 강화시킬 뿐이다.

솔직하게 까놓고 말해서, 아이들의 불량행동^{bullying}은 가정 내에서의 불균형을 가리키는 하나의 증상이다. 어쩌면 이혼, 질병, 경제적 곤란 등의 파괴적 사건이 있었을 수도 있다. 어쩌면 당신의 아이가 힘든 발달 단계를 지나고 있는 중일 수도 있다. 또 이사나 전학 같은 당황스러운 전환점에 있을 수도 있다. 이러한 시련들은 아이의 불안감을 증폭시켜 가족들을 못 살게 구는 행동으로 표출될 수 있다.

· 부모가 된다는 것 ·

과거에는 결혼을 하고, 아이를 낳고, 은퇴하는 생애주기 속에서 '자녀 양육'이란 특별히 신경 쓰지 않아도 저절로 되는 과정이었다. 자녀 양육에 대한 우리의 견해를 왜곡시킨 허접한 속담들도 거기에 일정 부분 기여를 했다. 예를 들어보겠다.

"아이들은 그 자리에 있어도 되지만 얌전히 있어야 한다."
"매를 아끼면 아이를 망친다."
"내 행동을 따라 하지 말고, 내 말을 따라 해라."

이 속담들이 중세에 만들어진 것이라니 놀랍지 않은가? 의심할 바 없이, 우리는 이러한 무지몽매한 견해들로 인해 엄청난 대가를 치르고 있다. 그러니 괴롭힘을 당하는 부모의 복잡한 세계를 탐구하기 전에, 자녀 양육이란 작업을 그토록 진지하게 생각하는 당신에게 박수부터 보내고 싶다.

이 책을 읽고 있는 당신은 자녀 양육에 있어 자각self-awareness과 마음챙김mindfulness의 중요성을 충분히 인지하고 있는 새로운 세대에 속하는 부모가 틀림없다.

부모가 된다는 것은 삶이 크게 바뀌는 출발점이자 의식의 모든 차원에서 심오한 변화가 시작되는 사건이다. 자신의 정체성에 대한 심각하고 철저한 점검을 겪지 않은 채 부모가 될 수는 없는 법이다.

아이를 키우는 기쁨은 자주 조명되지만, 거기 따르는 불안은 간과되는 일이 흔하다. 부모가 된다는 것은 우리의 인간관계, 성격, 행동에 엄청난 영향을 미친다. 게다가 돈 문제, 시간관리 문제, 건강 문제 등과 같이 예전엔 생각해본 적도 없는 새로운 압박이 따라온다. 부모들은 자신이 잠을 못 자고, 걱정이 많아지고, 이해 못할 감정에 부대끼게 되었음을 깨닫는다.

아이 양육을 시작하자마자 자신의 어린 시절 경험을 떠올리게 되고, 그 경험은 우리를 속속들이 뒤흔든다. 오래 전 부모가 자신에게 했던 말을 아이에게 똑같이 반복하고 있음을 깨닫는 일은 흔하다. 과거에 부모와의 관계에서 문제가 되었던 상황이 재현되면서 아이와의 갈등을 악화시키고 있는 자신을 발견하는 것이다.

놀이터나 쇼핑몰에서 부모에게 불량행동을 하는 아이 이야기로 돌아가자. 멀리서 보면 아이는 부모에게 난폭하게 굴고, 부모는 아이에게 "안 돼!"라고 말하기엔 너무 지쳐 있는 것처럼 보인다. 아니면 아이를 너무 '오냐오냐' 하면서 키운 것처럼 보이기도 한다.

하지만 자세히 보면 그 상황 속에서 훨씬 더 많은 것들이 진행되고 있음을 알 수 있다.

이 책은 당신을 '자기-발견'이라 이름 붙일 수 있는 여정으로 안내할 것이다. 길을 가는 중에, 양육 과정에서 당신의 선택에 영향을 미치는 두려움과 불안에 직면하게 될 것이다. 당신의 양육 방법이 낡고 비효율적일 수 있다는 사실을 깨달아야만, 당신과 아이에게 딱 맞는 새로운 방법을 구축할 수 있다. 당신은 자신이 왜 아이에게 괴롭힘을 당하는 부모가 되었는지 깨닫고, 아이의 못된 행동을 한 번에 그리고 영원히 멈추게 할 수 있는 방법을 배우게 될 것이다.

• 나도 그런 부모였다! •

아이에게 괴롭힘을 당하는 문제의 핵심을 파고들기 전에, 내가 겪었던 일부터 고백하는 것이 순서일 것 같다.

그렇다, 나도 아이에게 괴롭힘을 당하는 부모였다.

당신과 마찬가지로 나 역시 최고의 의욕과 열린 마음, 순수함으로 무장하고 자녀 양육을 시작했다. 나는 정말이지 최고의 부모가 되고 싶었다. 나의 부모를 훨씬 뛰어넘는 부모가 되어서, 온 세상에 내가 얼마나 경이로운 아이들을 키워냈는지 보여주고 싶었다(비웃어도 좋다. 어쨌든 그런 마음이었으니까). 게다가 내 직업은 아이들과 가족을 상대로 하는 심리치료 전문가psychotherapist가 아닌가? 부모가 될 준비가 나보다 잘 되어 있는 사람이 누가 있을까?

하지만 결과는 좋지 않았다. 나는 안 배운 것이 많았다.

첫째인 딸아이가 여섯 살이 되고 둘째가 집안을 기어 다닐 즈음에, 나는 만성적인 수면 부족으로 몽롱한 상태에서 지내고 있었다. 기진맥진한 상태로 아이가 없었던 옛날을 그리워하고 있었던 것이다.

나는 딸아이의 행동을 지켜보며 경악했다. 아이는 버릇이 없었고, 지나친 요구로 나를 압박했다. 다시 말하자면, 내가 부모에게 감히 생각도 못했던 방식으로 나를 대했다. 그리고 상황을 수습하려 할 때마다 오히려 더 악화되기만 했다. 나는 훌륭한 아이를 키우고 있는 것이 아니라 일급 양아치를 키우고 있다는 생각까지 들었다.

이내 나는 딸아이와 부딪치는 것을 피하게 되었다. 더이상의 골칫거리와 갈등을 견딜 수 없었다. 특히 공공장소에서 더 그랬다. 사람들이 보고 있을 때 아이의 성깔 부리는 파워는 더 강해지는 것 같았다. 잠시의 평화를 위해 아이의 요구에 굴복하는 게 익숙해졌다. 하지만 그 평화의 순간은 점점 더 짧아지고 있었다.

왜 아이는 내게 그렇게 경멸하는 투로 말할까? 잠 못 들고 엎치락뒤치락하는 밤이면 그 의문들이 나를 사라잡고 아프게 찔러댔다.

"어디서 잘못되기 시작했을까?"
"나는 왜 아이를 두려워하는가?"
"내가 너무 응석을 받아주는 걸까?"

한 가지는 확실했다. 내가 무슨 짓을 해도 효과가 없었다는 것!

· 터닝 포인트 ·

나는 새해 첫날이 오면 어김없이 집 가까이에 있는 불교센터의 기념행사에 참석한다. 행사는 음악, 춤, 미술, 시로 채워지는데 나는 여기 참석하는 것을 아주 좋아한다. 아이들은 깔깔대며 홀을 뛰어다니고, 오랜 친구들이 만나 반가운 인사를 나누고, 포옹과 키스가 넘친다. 새해를 시작하는 데 있어 이보다 더 좋은 방법이 있을까?

하지만 떠날 때가 되었을 때, 딸아이는 그곳에 더 있겠다고 떼를 썼다. 사람들 사이를 쏜살같이 달려가서는, 테이블 아래 사람들의 다리 사이를 마구 헤집고 다니면서 팔을 휘두르고 손사래를 쳤다. "싫어! 집에 가기 싫다고! 나를 그냥 내버려둬!"

나는 평온을 유지하려 애썼지만 속은 부글부글 끓고 있었다. 나를 쳐다보는 사람들의 눈길이 의식되기 시작했다. 현기증이 나고 머리가 욱신거렸다. 한시라도 빨리 그곳을 떠나고 싶었다. 다른 부모들이 내 처지를 안쓰럽게 여기는 듯한 눈길을 보냈다.

그들은 누구보다 내 심정을 잘 알 것이다. SPC^{Suffering Parent Club}, 즉 '괴롭힘을 당하는 부모 집단' 멤버들은 즉각적으로 서로의 처지를 공감하고 동일시한다. 고래고래 소리 지르는 아이가 탄 유모차를 밀고 있는 아빠 곁을 지날 때마다, 나는 그가 무슨 일을 겪고 있는지 정확하게 안다. 서로의 눈이 마주치는 즉시, 우리 사이엔 말 없는 대화가 오간다. '형제여, 그 고통 내가 잘 아네.' '고맙네, 형제.' 그리고 우리는 각자 제 갈 길을 간다.

소리를 지르고 팔을 휘두르는 딸아이 얘기로 돌아가자. 내 가슴을 후비는 것은 부모도 아니면서 비난의 눈초리로 나를 바라보는 사람들이다. 그들이 어떻게 부모라는 난제를 이해하겠는가? 그들은 조용한 저녁식사와 충분한 수면의 세계에 살고 있는데, 나는 갖가지 동물 인형과 공주 옷, 쓰레기로 꽉 찬 지옥에 살고 있다.

딸아이를 잡으러 불교센터를 몇 바퀴 돌면서 나는 열이 확 오르는 것을 느꼈다. 나는 도대체 어떤 사람일까? 아이들을 상대하는 심리 치료사이고, 자녀 양육 워크숍을 주최하고 부모 역할에 대한 논문을 발

표하는 사람이지만, 자신의 아이에 대해서는 어떻게 해야 할지 아무런 실마리도 갖고 있지 못한 사람, 그게 나였다!

사람들의 따가운 눈길을 더이상 견디기 힘들어지자, 내 아버지에게 듣던 말이 내 입에서 튀어나왔다. 협박과 위협이 실린 말이다.

"그만해! 더는 안 돼!"

나는 딸아이를 검거해서 출구 쪽으로 향했다. 아이는 기름 바른 원숭이처럼 내 팔에서 빠져나가려고 몸을 뒤틀고 난리도 아니었다. 나는 딸아이를 차의 카시트에 결박하고 차문을 쾅 닫았다. 남들이 보면 영락없는 유괴 현장이었을 것이다.

운전해 집으로 돌아오면서, 나는 오로지 복수에 대해서만 생각했다. 오늘 집행할 일정은 보복과 형벌이고, 그것은 조금도 지체할 수 없는 일이다. 내 머릿속엔 누가 더 힘이 센지 확실히 해두어야겠다는 생각뿐이었다.

"나는 아이가 아끼는 동물 인형과 베개를 치워버릴 것이다."
"나는 아이의 침대, 침실 문, 매트리스를 치워버릴 것이다."
"아이는 내게 용서를 빌며 감방에서 살게 될 것이다!"

바로 그때였다. 딸아이가 한껏 고조된 나의 상상을 깼다.
"아빠는 왜 그렇게 화를 내는 건데?"

나는 아이의 질문에 얼어붙었다. 정말이지 나는 왜 이렇게 화가 났을까? 아이의 태연함 앞에서 씩씩거리기만 할 뿐, 나는 할 말을 잊었다. 내가 대답을 찾기 전에, 아이는 자신에게는 명백하지만 내게는 명백하지 않은 사실을 술술 풀어 놓았다. "오늘은 행복한 날이잖아. 아빠는 지금 그런 날을 망치고 있다고요."

어떻게든 방어를 해야 하는데, 내면 깊은 곳에서 아이의 말이 옳다는 불편한 느낌이 왔다. 나는 이제까지 다른 부모에게 했던 모든 조언을 파괴하는 방식으로 행동하고 있었다. 나는 비열했고, 복수심에 차 있었고, 무엇보다 최악인 것은 유머를 잃고 있었다.

완전한 실패였다. 인내심을 놓치고 발끈한 바람에 나의 학위, 나의 노하우, 나의 훈련이 모두 무용지물이 됐다. 내가 하고 있는 양육이 이렇게나 저급한 수준에서 나온 것이라면, 학위 논문이나 경력이 무슨 소용이란 말인가?

집에 도착하자, 나는 의자에 무너지듯 주저앉았다. 내 눈은 서가에 꽂혀 있는 자녀 양육에 관련된 책들에 머물렀다. 나는 창을 열고 그 책들을 하나씩 밖으로 내던지고 싶은 충동을 느꼈다. 책의 저자들이 창 밑의 거리를 걸어가다가, 내가 던진 책에 머리를 맞아 나동그라지는 상상을 하면서 말이다.

"왜 나는 훈련을 받았는데도 실패했을까?"

· 처음부터 다시 시작하기 ·

자기-반조self-reflection와 깊은 집중 명상을 하며 몇 주를 보낸 후, 나는 고통스러운 결론에 도달했다. 나는 비난과 책임 전가의 열차에서 뛰어내려야만 했다. 비난에서 얻은 만족감은 아주 잠시만 유효했고, 결국은 절망적이고 쓰디쓴 느낌만 남았다. 솔직히 말하자면 그보다 더 나빴다. 영양가는 없고 칼로리만 높은 비난은 나를 순교자나 희생자인 것처럼 세상에 광고하게 만들었던 셈이다. 이제 딸아이의 행동에 대한 책임을 질 시간이었다. 어쨌거나 나는 부모이고 그 아이를 키웠다. 아이가 어떤 성격과 기질을 가지고 세상에 왔든, 나는 그 아이의 행동을 책임져야 한다.

회사 경영이 불안정해지면 경영자는 정밀한 조사를 실시한다. 자녀 양육도 다를 것이 없다. 딸아이는 마음껏 못된 짓을 할 권리를 갖고 있다. 아이들은 으레 그런 법이다. 진짜 문제는 그 행동에 대한 내 반응이었다.

나는 딸아이가 자신의 충동과 감정을 잘 조절하도록 돕기는커녕, 아이를 비난하고 통제하는 데에만 급급했다. 거기서 더 나아가, 딸아이의 못된 짓에 대해 나도 못된 짓을 하는 것으로 응수했다. 아이가 성질을 부리면 나는 더 심하게 성질을 부렸다. 이해가 아닌 억압은 결국 더 심한 반항과 불량행동을 불러왔던 것이다.

나는 부모로서 아이를 이끌지 못했다. 그저 반응했을 뿐이다.

간디가 말했듯이, 아이를 변화시키고 싶다면 내가 먼저 변해야 했다. 딸아이가 참을성이 있는 사람이 되어야 한다고 생각했다면, 내가 더욱 참을성 있는 사람이 되어야 했다. 딸아이가 못된 짓을 덜 하길 바랐다면, 내가 먼저 못된 짓을 덜 해야 했다. 결론적으로, 내가 먼저 그런 행동을 보여주며 아이를 이끌어야 했다.

틈만 나면 주워섬기던 심리학 용어들과 정신분석 훈련 기법들을 시궁창에 던져버려야 할 시간이었다. 괴롭힘을 당하는 부모 집단으로부터 탈출할 수 있는 유일한 길은 내 자신의 과거로 들어가, 아이가 내게 못된 짓을 하도록 허용한 이유를 밝혀내는 것이다.

자기–지식self-knowledge이 결여된 자기–계발self-help은 효과적일 수가 없다. 아이에 대한 비난을 멈추고 거울에 비친 내 모습부터 잘 살펴볼 시간이다.

· 3가지 발견 ·

나는 자기–분석과 반성의 아주 힘든 시간을 보낸 후, 마치 계시를 받은 것처럼 새로운 사실 하나를 발견했다. 구체적으로는 다음의 3가지였다.

1. 내 아이의 행동은 나 자신의 반영이다. 아이의 행동이 변하길 바란다면, 나부터 변했어야 했다.
2. 내가 살아온 역사와 경험, 즉 나를 나답게 만든 모든 것이 양육 방식에 숨어서 끊임없이 영향을 미치고 있었다. 나는 아이의 불량스러운 행동이 증폭되도록 했던 두려움과 불안을 인정하고 해결해야한다.

3. 아이와의 관계를 개선하고 아이의 불량행동을 끝내기 위해서, 나 자신의 감정과 충동을 조절하는 법을 배워야 한다.

나의 내면세계를 정화하고 이해하는 일이야말로, 딸아이와의 관계를 개선하기 위해 내가 할 수 있는 가장 중요한 조치였다.

· 자녀 양육은 궁극의 수련 ·

법률가는 법을 수련하고, 의사는 의술을 수련한다. 부모에게 자녀 양육도 마찬가지다. 수련practice이 핵심이다. 수련은 배움이 계속되는 과정을 일컫는다. 부모라는 것은 정체성의 일종이 아니라, 당신 존재의 일부다. 더 나은 부모가 되려면 당신을 당신답게 만든 모든 측면을 숙고해야 한다.

자녀 양육은 자신을 몇 단계 성숙시킬 기회이다. 우리 모두에겐 미숙한 부분이 있고, 그것은 부모가 될 때 여지없이 밖으로 드러난다. 자녀 양육이란 비슷한 것을 찾아볼 수 없는 독특한 관계를 뿌리로 하고 있다. 하지만 최소한 한 가지는 다른 모든 관계와 다를 것이 없다.

수련을 통해 나아진다는 사실이다!

· 팬케이크 치료법 ·

딸아이와의 관계가 바닥을 친 후에, 나는 전문가의 조언을 구하기로 결심했다. 목에 걸리는 알약을 억지로 삼키는 것처럼 어려운 일이었지만, 나는 절박했고 코너에 몰려 있었다. 전문가와 상담 약속을 잡는 것 자체가 대단한 경험이었다. 세상의 부모들이 다른 사람에게 도움을 청하는 일이 얼마나 어려운 일인지 알 수 있었다. 도움을 청한다는 사실만으로 마음속에서 아주 많은 불편한 감정들이 꿈틀거렸던 것이다.

"나는 부모로서 실패한 걸까?"
"왜 내 자신이 아버지와 비슷하다고 느껴질까?"
"자신의 아이도 다루지 못하는 전문가라니 도대체 말이 되는가?"

존경받는 자녀 양육 전문가였던 나는 다른 전문가의 상담을 받기 위해 몇 주를 기다렸다. 비싼 상담 비용의 충격에서 회복될 즈음에야, 목재 패널로 장식된 그 전문가의 사무실에 들어서게 됐다. 마호가니 책상 너머에 앉아 있는 전문가의 현명한 조언을 한마디도 놓치지 않고 받아들일 준비를 하고서 말이다.

그는 내가 풀어놓는 슬픈 이야기를 경청하면서, 눈을 지그시 감고 고개를 끄덕이기도 했다. 내가 이야기를 마칠 때까지 그는 한마디도 하지 않았다. 얘기가 끝나고도 한참 동안 말이 없어서, 혹시 그가 자고 있는 게 아닌지 의심이 될 정도였다.

마침내 그가 눈을 떴다. 그는 두 손을 무릎에 얌전히 놓으면서 입을 열었다.

"일주일에 세 번, 아이와 아침식사를 함께하세요."

'무슨 말이 더 있겠지' 하고 기다려봤지만 그게 끝이었다.

"그게 다인가요?" 내가 물었다.

"말은 아이가 하게 하고 주의 깊게 들으세요. 조언이나 의견, 지도 같은 건 필요 없어요. 그냥 잘 듣기만 하세요. 한두 주만 그렇게 하면 상황이 바뀔 겁니다."

그는 자리에서 일어나며 덧붙였다. "참, 명심할 원칙이 하나 있어요. 아이들은 짜증을 내도 되지만, 부모는 안 된다는 거예요."

아니 이게 무슨 소리야? '환불해줘!'란 말이 목구멍까지 올라오는 것을 간신히 참고, 전문가의 사무실에서 나와 집으로 돌아왔다. 오는 길 내내 투덜거리면서 말이다.

"그 사람 진짜 전문가 맞아?"

"듣기만 하면 모든 게 해결될 거라고?"

"아이는 짜증내도 되고, 부모는 안 된다는 건 뭔 소리래?"

일단은 그의 조언을 따를 작정이었지만, 기대치는 매우 낮았다.

주말이 다가왔고 아침을 함께 먹자는 내 말에 딸아이는 활짝 웃었다. 아이가 좋아하는 팬케이크를 메뉴에 포함시키면 무사통과일 거라고 생각은 했지만, 이번엔 뭔가 반응이 달랐다. 딸아이는 정말로 신나

했다. 알록달록한 모자를 집어 들고 제일 좋아하는 동물 인형을 품에 안고는 문을 향해 달려가며 소리쳤다.

"잘 있어요, 엄마! 나는 아빠하고 아침을 먹을 거예요!"

근처 식당에 자리를 잡고 앉자 아이는 끝도 없이 재잘거렸다. 아이가 좋아하는 만화와 영화, 최근에 또래들과 함께 놀았던 일, 학교에서 사귄 새 친구 등등. 그렇게 이야기를 듣는 동안, 내가 온전히 기울이고 있는 관심을 아이가 얼마나 즐거워하는지 깨닫기 시작했다. 아이는 분명 기쁨으로 빛나고 있었다. 나는 되도록 말을 아꼈고, 필요할 때만 질문했다. 딸아이는 나의 그런 모습이 더 마음에 드는 눈치였다.

우리는 식당의 창가 쪽에 앉아 있었는데, 갑자기 밖을 걸어가던 한 여성이 우리를 들여다보는 게 아닌가? 그녀는 자신의 모습이 식당 안에서 보인다는 사실을 모른 채, 창문을 거울삼아 화장을 고치고 있었다. 진지한 표정으로 정성껏 눈썹을 그리는 모습이 우스꽝스러웠다. 딸아이는 킥킥거렸다. "아빠, 저 언니 표정이 정말 웃겨요."

우리는 마음껏 웃었다. 어쩌면 짧은 시간일 수 있었지만, 내게는 기념비적인 시간이었다. 아이와 나는 처음으로 꽤 긴 시간 동안 단란한 한때를 즐겼다.

그날, 그리고 이어진 아침식사들이 딸과 나의 관계에 터닝 포인트를 만들어주었다. 완전히 새로운 방식으로 둘이 함께하는 단계가 시작된 것이다. 딸아이가 더 친근하게 느껴지고 아이와 함께 있는 시간이 즐거웠다. 나는 자문하기 시작했다. 아이의 불량스러운 행동의 원인은 무엇이었을까?

그러다가 문득 둘째가 태어나고 며칠 지났을 무렵, 딸아이와 나눈 대화가 떠올랐다. 화난 기색이 역력한 아이는 나를 구석으로 끌고 가더니, 꾹꾹 눌러 참는 목소리로 이렇게 물었다. "아기는 언제 병원으로 돌아가는 거야?"

나는 딸아이가 농담을 하는 거라 생각했다. "아기는 우리와 함께 여기서 살 거야." 나는 아이에게 이렇게 못박았다. "이제 우리가 아기를 지켜줘야 해." 눈이 휘둥그레진 딸아이가 양손을 허리 위에 올리더니 물었다. "그러니까 아빠 말은, 그러니까 영원히 함께 산다는 거야?"

그때의 일이 눈앞에 보듯 선명하게 떠올랐다. 막 태어난 여동생은 딸아이의 세계를 뒤흔들었고, 자신을 부모의 관심에서 멀어지게 한 원인이었다. 아이는 자신의 자리를 아기에게 빼앗겼다고 느꼈다. 또한 사랑받지 못하고 무시당한다고 생각했다.

이런 식으로 부모로부터 감정적 홀대를 당할 때, 아이의 경험은 심각한 분리 공포를 촉발하고 이는 못된 행동을 유발하는 동력으로 작용할 수 있다. 아이에게 부모의 사랑을 잃는 것보다 치명적인 공포는 없다. 이보다 더 자신이 안전하다는 느낌을 해치고, 감정을 속속들이 불안정하게 만드는 것은 세상에 없을 것이다.

딸아이의 불안을 이해하고, 아이의 어떤 불량스러운 행동에도 반응하지 않겠다는 확고한 결심을 한 나는 상황을 수습하기 시작했다. 아이가 다시 불량행동을 했을 때, 나는 정지 버튼을 눌렀다. 아이의 행동에 즉각 반응하기보다는 스스로에게 자문했다.

"딸아이의 내면에서 끓어오르는 느낌은 무엇일까?"

"왜 지금 이 순간에 불량행동을 할까?"

"이런 짓을 하도록 부추기는 힘은 무엇일까?"

아이를 이해하는 데 내 모든 에너지를 쏟아 부었다. 딸아이를 책망하기보다는 공감하는 쪽으로 동조하기 시작했다. 이제는 실수하면 안 된다. 하지만 쉽지는 않았다. 반응하지 않으면서 아이의 불량행동을 더이상 부추기지 않기 위해서는 엄청난 에너지가 필요했다. 이는 앞으로 치러야 할 많은 전투 중에 가장 먼저 해야 할 일이었다.

나는 생각을 정리하기 위해 잠시 뜸을 들인 다음 부드러운 목소리로 물었다. "정말로 너를 괴롭히는 게 뭐니? 네 얼굴에 힘들다고 씌어 있는데, 그게 뭐야?"

아이는 눈길을 피했다. 절망 가득한 아이의 눈에는 그렁그렁 눈물이 맺혀 있었다. "제발 말해줘. 네가 말하지 않으면 아빠는 뭐가 문제인지 알 수가 없어. 아빤 너를 돕고 싶은 거란다."

몇 번이나 머뭇거린 끝에, 아이가 불쑥 말을 뱉었다. "아빠는 아기를 사랑하잖아. 나보다 더!" 말을 끝낸 아이는 울음을 터뜨렸다. "정말 그렇게 생각하는 거야?" 딸아이는 내 말에 고개를 끄덕이더니 내 품에 얼굴을 묻었다. 그리고 부모의 가슴을 무너지게 만드는 딱 그런 모습으로 서럽게 흐느꼈다.

아이의 불량행동에 대한 나의 반응을 바꾸자, 딸아이도 변했다. 함께하는 아침식사를 통해 변화로 가는 길을 놓았고, 딸아이는 점차 자신이 사랑받고 있고 소중하게 여겨지고 있음을 알게 되었다. 일단 이해받고 있다고 느끼자, 당혹감을 불량행동으로 표현하기보다는 자신을 괴롭히는 것이 무엇인지 내게 말로 전하게 된 것이다.

내가 아이의 불량행동에 사랑과 연민으로 반응하게 되면서 모든 것이 바뀌었다. 아이는 시간이 갈수록 안정감을 찾았다. 더이상 떼를 쓰고 못되게 굴 필요가 없어졌기 때문이다.

· 이 책의 사용법 ·

이 책이 제시하고 있는 자녀 양육에 대한 모든 조언과 지침은 한 사람의 부모로서 내가 겪은 것들과 20여 년 동안 부모-자녀 관계 전문가로 일한 경험에서 나온 것이다. 나는 자녀로부터 괴롭힘을 당하는 부모가 맞닥뜨리는 공통의 문제를 확인하고 설명하기 위해 최선을 다했다.

많은 부모들이 자신의 초기 양육 방식을 후회한다.

'지금 알고 있는 것을 그때 알았더라면' 하고 말이다.

과거를 후회하기보다는 함께 앞으로 나아가자. 당신의 아들과 딸을 잘 이해하는 지름길은 당신 자신을 더 잘 이해하는 데 있다. 당신이 어린 시절 겪은 경험들, 당신의 생각과 느낌, 충동과 행동이야말로 '자녀에게 괴롭힘을 당하는 부모'라는 퍼즐을 맞추는 데 필요한 조각들인 것이다.

이 책이 안내하는 여정 내내, 나는 문제 해결의 실마리를 얻기 위해 당신의 과거를 캐낼 작정이다.

▶ 당신이 지금의 아이 나이였을 때, 부모에 대해 어떻게 생각했나?
▶ 당신의 부모님이 잘한 일은 무엇이고, 잘못한 일은 무엇인가?
▶ 아이가 당신을 괴롭힐 때 떠오르는 특별한 기억이 있는가?

당신의 과거 역사가 자녀 양육의 틀을 만들었다. 아이의 불량행동을 끝내기 위해 당신이 찾고 있는 해결책은 통제나 억압이 아니다. 오직 극기克己와 마음챙김만이 해결할 수 있다.

이 책을 통틀어 나는 직접 해보지 않았던 것은 아무것도 언급하지 않을 것이고, 내 스스로 자녀 양육에 적용했던 것만을 권할 것이다. 당신은 세상의 부모들이 얼마나 비슷한지 알고 깜짝 놀랄 것이다. 그리고 문제의 돌파구가 만들어지는 순간마다, 자신과 아이에 대한 더 깊은 이해와 더 위대한 자유를 얻게 된다는 사실을 깨닫게 될 것이다.

· 앞으로 배우게 될 것들 ·

불량스럽게 행동하는 아이와의 싸움에서 이기기 위해, 당신은 새로운 차원의 의식을 개발할 필요가 있다. 당신의 과거는 의식과 무의식 모두에서 감정적인 짐을 당신에게 지웠다. 분노, 수치심, 공포와 불안, 낮은 자존감, 자아도취 성향, 친근한 관계에 대한 저항 등이 당신과 자녀 사이에 놓여 있다. 자신의 과거를 고려하지 않고 아이를 변화시키기 위해 애쓰는 것은 벽에 비친 그림자를 바꾸려고 노력하는 것과 비슷하다.

본격적으로 여정을 시작하기 전에, 앞으로 펼쳐질 내용들이 무엇인지 간단히 짚어 보자.

2장에서는 아이의 정서 발달이 당신의 과거와 어떻게 상호작용하는지 검토할 것이다. 우선 아동심리학에 입문할 것이고, 각 발달 단계마다 나타나는 과제들을 탐구할 예정이다. 3장에서는 우리가 어떤 방식으로 괴롭힘을 당하는 부모가 되는지 알아보고, 부모의 심리적 탈진을 예방하는 방법에 대해서도 논의할 것이다.

4장에서는 아이의 불량행동을 3가지 유형으로 나눠 각각의 특징과 대처법을 살펴보고, 5장에서는 부모의 양육 스타일 역시 3가지 유형으로 나눠 분석할 예정이다. 6장에서는 당신과 당신의 자녀에게 딱 맞는 개인 맞춤형 양육 도구함을 설계하는 방법을 알려주고, 7장에서는 당신을 도와줄 반-불량행동 지원 팀을 구성하기 위한 가이드라인을 제시할 것이다.

마지막 8장에서는 아이의 불량행동을 촉발할 수 있는 7가지 양육 위기를 다루려고 한다. 여기에는 이혼, 입양, 죽음, 질병, 경제적 곤란 등이 포함된다.

당신은 몹시 궁금할 것이다. 아이를 양육하는 데 있어 혁명적 변화를 어떻게 시작할 것인가에 대해.

결론을 먼저 밝히자면 '양육일지'이다. 이쯤에서 실망할 사람들도 많겠지만, 많은 부모들이 육아일지, 혹은 양육일지를 쓰면서 과거의 낡은 패턴에서 벗어나 새로운 길을 찾는 데 도움을 받았다. 양육일지는 자기-반성의 시간을 허용해 부모로서의 선택에 더 깊은 생각을 하도록 만들어준다. 무엇보다 중요한 것은 갈등을 증폭시키고 아이의 불량 행동에 기름을 붓는 습관적 반응을 멈추는 일에 도움을 받을 수 있다는 점이다.

양육일지에 기록된 당신의 생각, 느낌, 기억을 통해 자녀와의 관계에서 생긴 문제가 어디서 시작되었는지 찾을 수 있게 된다. 즉 당신의 과거를 돌이켜보게 되는 것이다. 한걸음 더 나아가, 당신은 목표를 설정하고 당신만의 해결책을 만들 수 있을지도 모른다.

목표를 세우면 문제에 집중할 수 있게 된다. 목표는 나침반과 같아서, 특히 당신이 길을 잃어 어쩔 줄 모를 때 도움이 된다. 목표는 험난한 시간을 보내는 동안 당신을 잡아주고 당신이 목표를 향해 가는 길에서 벗어나지 않도록 도와준다.

양육일지라는 호칭이 마음에 들지 않는다면, 다른 이름으로 불러도 좋다. 내가 아는 많은 부모들은 이를 '나의 부모 권한 노트My Parent Power Notebook'라 부른다. 한 싱글대디는 자신의 양육일지를 '나의 완전 미친

고함소리'라 불렀다. 어떤 싱글맘은 '아트의 방식Art's Way'이라 이름 붙였는데, 여기서 아트는 그녀가 좋아하는 친척의 이름이라고 한다. 그녀는 자신의 양육일지를 쓸 때마다 "나는 이제부터 아트 아저씨와 이야기를 나눌 작정이에요"라고 말하곤 했다.

의심할 바 없이 독자들 중 일부는 어떤 것을 '기록한다는 것' 자체에 거부감을 느낄 것이다.

"나는 그런 걸 쓸 시간이 없어요."

세상의 부모들이 바쁜 건 사실이다. 하지만 당신이 일지를 쓰는 데 할애한 시간은 돈으로 계산할 수 없는 방식으로 보상받게 된다. 양육일지를 쓰는 시간은 당신의 마음에 평화를 가져올 것이고, 자녀 문제에 대한 더 깊은 통찰로 이끌 것이며, 갈등을 줄임으로써 자녀의 불량 행동을 줄일 수 있도록 당신에게 권한을 부여할 것이기 때문이다.

"나는 뭘 끄적이는 걸 좋아하는 사람이 아니에요."

그럴 수 있다. 양육일지를 쓴다는 것이 어렵게 느껴지는 사람도 있다. 그러면 그냥 질문들을 곰곰이 생각해보고 그 답을 수첩에 적든지 이 책의 여백에 적어 넣도록 하자. 중요한 것은 당신의 양육을 새로운 틀 속에서 생각하기 시작한다는 사실이다.

"이건 자연스럽지 않아요. 내가 왜 이 힘든 일을 해야 하죠?"

지금부터 이 책이 당신에게 요구하는 것들이 결코 자연스럽게 느껴지지는 않을 것이다. 어떤 기술이든 숙달되기 위해서는 연습이 필요하다. 효과적인 부모가 되는 일이라고 다를 게 없다.

양육일지는 자기혁신과 부모로서의 권한 되찾기를 위해 아주 중요한 도구다. 그리고 더 중요한 것은 그것이 괴롭힘을 당하는 부모 집단으로부터 당신을 탈출시켜줄 세상에 하나밖에 없는 맞춤형 가이드북이란 점이다!

바쁜 부모들을 위한 충고

당신만의 고요한 시간을 가질 수 있도록 따로 시간을 내서 일과에 포함시키자. 다른 부모들의 경험에 따르면 이른 아침이 제일 좋다. 아이가 집안을 어지럽히거나 깨지기 쉬운 물건을 건드리는 일이 없는 시간일 테니 말이다. 아이가 학교에 가 있거나 친구 집에서 놀 때도 좋다. 아무튼 당신 혼자 자녀 양육에 대해 숙고할 시간을 낼 수 있도록 최선의 노력을 기울이자.

부모는 아이의 행동에 반응하는 것만으로 꽉 짜인 미로에 갇히는 경우가 많다. 아이가 흘린 것을 닦고, 말다툼을 끝내고, 도시락을 싸거나 학원에 데려다주는 등, 할 일이 끝없이 밀려오고 위기도 끝없이 닥친다. 주도적 자세로 충분한 주의를 기울여 결정하고 선택할 환경이 되지 않는다.

괴롭힘을 당하는 부모는 닥치는 일에 반응하는 기계가 되어, 아이들 뒤치다꺼리에 허우적거리다가 끝날 기약도 없는 탈진 상태로 빠져든다. 이것이 바로 최악이다.

당신이 '반응'이라는 수준에 머물수록 아이가 당신을 괴롭힐 가능성은 더 커진다.

본격적으로 시작하기

일단 자신만을 위한 시간을 확보했다면, 적어도 그 시간엔 모든 문명의 이기를 멀리하자. 컴퓨터와 스마트폰의 전원을 꺼서 주의가 분산될 가능성을 최소화하자. 당신의 양육을 바로 세우는 일은 마음챙김에서 시작된다.

자신의 양육에 대해 숙고하고 양육일지를 쓰는 일은 굳건한 감정적 핵심emotional core을 만들어 불안감을 제압하고, 자녀의 불량스러운 행동을 견딜 수 있는 지구력을 제공한다.

일단 이 작업을 시작했다면 멈추지 말자. 다음에 제시된 항목들에 대해 너무 오래 생각하지 말고, 그때그때의 생각과 감정을 간단히 기록하면 된다. 양육일지를 따로 쓰기 싫다면 책의 빈 칸에 간단히 적어넣거나, 그것도 싫다면 한 항목 한 항목 깊게 생각하고 넘어가자.

자, 이제 시작해보자.

☑ 아이와 주도권 다툼을 했던 가장 중요한 대상 3가지는 무엇인가? (예를 들면 게임, 학원, 친구 등)

☑ 무엇이 아이의 불량스러운 행동을 촉발하는가?

☑ 아이는 주로 어떤 경우에 불량행동을 하는가?

☑ 아이가 하루 중 가장 힘들어 하는 시간은 언제인가?

☑ 당신과 배우자가 어떤 특정한 얘기를 나눌 때 아이가 불량행동을 시작하는가?

☑ 당신은 아이의 불량행동을 악화시키는 쪽으로 행동하는가?

☑ 당신이 어떻게 할 때 갈등이 증폭되는가?

☑ 당신이 하고 나서 늘 후회하는 행동은 어떤 것인가?

☑ 당신이 어떻게 할 때 아이가 가장 화를 내는가?

2장

사랑스럽던 내 아이에게
무슨 일이 생겼나?

그 일은 늘 생긴다. 충격에 빠진 부모들은 나의 사무실에 달려와서, 사랑스럽고 귀엽던 아이가 어쩌다 동네 양아치처럼 되어버렸다고 탄식한다.

아이의 불량행동이 어디서 시작되었는지를 제대로 이해하기 위해 기초 아동심리학을 살펴볼 필요가 있다. 각각의 발달 단계에서, 주도권 다툼이 어떤 과정을 거쳐 불량행동으로 바뀌는지 알아보는 것은 매우 중요하다.

각 발달 단계마다 아이들이 획득해야 하는 스킬과 능력들이 있다. 걸음마하기, 말 배우기가 그 예이다. 하나의 발달 단계가 잘 진행된다면, 일정 기간의 집중적인 몸부림과 꾸준한 노력으로 결국은 '돌파'가 이루어진다. 발달 과업의 성취는 모든 것을 변화시키는 인간 승리라 할 만하다. 놀랄 만큼 짧은 시간에, 아이는 이전에 자신이 하던 방식을 버리고 앞으로 나아가기로 결정한다. 예를 들어보자.

▶ 숟가락을 사용해 스스로 음식을 먹을 수 있게 된 아기는 더이상 남이 먹여주는 것을 원치 않는다.

▶ 막 걸음마를 익혀 뒤뚱거리며 걷게 된 아이는 바닥을 기는 일엔 더이상 흥미를 보이지 않는다.

▶ 자동차 운전면허를 딴 10대는 그 전까지 타고 다니던 자전거를 차고에 처박고 관심을 끊는다.

당신의 아이는 새로운 스킬을 익힐 때마다 성숙을 향해 한 걸음 도약한다. 아이는 새로운 스킬을 정복했다는 느낌을 좋아하고, 밀려오는 기쁨과 함께 자신의 능력에 대한 자신감을 경험한다. 아이는 자신이 더 강해지고 더 많은 힘을 가지게 됐다고 느낀다.

당연하게도 아이들이 이러한 개인적 이정표에 도달할 때, 부모들은 아주 요란한 찬사와 응원을 보낸다. 아이들은 부모의 박수와 칭찬을 스펀지처럼 빨아들인다. 부모의 박수와 칭찬이 더 근사한 스킬에 도달하도록 아이들을 격려하는 것이다.

그런데 이 지점에서 일이 조금 복잡해지기 시작한다.

• 독립에의 충동이 갈등을 부추긴다 •

스킬에 숙달한 아이들은 더 큰 독립을 꿈꾼다. 바꿔 말하자면 아이는 부모의 지원을 거부하기 시작한다. 예를 들자면 이렇다.

▶ 식사하는 법을 배운 아이는 부모의 손길을 강하게 뿌리친다.
▶ 걷는 법을 익힌 아이는 부모가 도와주면 울음을 터뜨린다.
▶ 운전면허를 딴 10대는 자신이 운전하는 차에 부모가 타는 것을 싫어한다.

더 많은 독립을 원하는 아이의 욕구는 늘 경험 부족과 충동성이란 측면에 부딪친다. 아이들은 자신의 한계를 모르고, 언제 나아가고 언제 멈춰야 할지 모른다. 자신들에게 이로운 것이 무엇이고 해로운 것이 무엇인지를 늘 알지는 못한다. 아이들이 확실히 알고 있는 것은 단한 가지, 부모가 자기 주위를 맴도는 것이 싫다는 것뿐이다.

어른의 감독 없이 살아갈 준비가 된 아이는 없으니, 결국 모든 부모는 아이의 의지에 반하는 행동을 할 수밖에 없는 익숙하지 않은 상황에 처하게 된다. 때때로 'no'라고 말하지 않고서는 좋은 부모가 되기란 불가능하다.

여기서 양쪽의 의지가 충돌하고 전투가 시작된다.

· 어떻게 좌절이 불량행동으로 이어지는가? ·

원칙적으로 아이들은 'no'란 말을 듣고 싶어 하지 않는다. 특히 부모로부터는 더욱더 그렇다. 자신이 원하는 것을 부모가 가로막을 때, 아이는 당황한다.

"왜 엄마 아빠는 내 즐거움을 방해하려 하지?"

"부모는 나 혼자서도 잘한다는 것을 모르는 걸까?"

"부모는 왜 내 방식대로 못하게 간섭할까?"

부모가 자신을 보호하려고 그런다는 것을 이해하는 아이들은 없다. 부모의 행동이 구속처럼 느껴지고, 간섭이 정말 싫을 뿐이다.

불량행동에의 충동

억압에 반발하고 저항하는 것이 인간의 본성이다. 자신이 원하는 것을 못하게 방해하는 부모를 원하는 아이는 없다. 인간에게 고유한 본성으로 인해 아이와 부모는 충돌할 수밖에 없는 운명인 것이다. 역설

적이게도 건강한 아이들은 반드시 부모와의 전쟁에 돌입하게 된다.

그러니 전쟁은 자연스럽고 필수적인 것이다. 부모와 아이는 각자 자기 나름의 욕구와 필요, 이해관계를 갖고 있다. 지나치게 부모에게 순종적인 아이는 삶에 대한 자신감과 독립성이 부족한 것이다. 아이들은 각 발달 단계마다 본능적으로 부모의 제약에 반발하고 투쟁한다.

▶ 어린아이는 자신을 유모차에 묶어두려는 부모와 싸운다.
▶ 걸음마를 배운 아이는 부모가 '자야 할 시간'이라고 이야기하면 도망친다.
▶ 10대는 집안일을 시키거나, 귀가시간을 지키라고 요구하는 부모에게 맹렬하게 대든다.

부모가 자신의 의지를 관철시키려 들면 그야말로 불똥이 튄다. 이런 충돌은 불가피할 뿐 아니라 양육의 중요한 부분이기도 하다. 훌륭하든 훌륭하지 않든, 부모라면 누구나 젊음의 반항이 유발한 전쟁에서 아이와 실랑이를 벌이게 되어 있다.

시험에 드는 순간

부모가 자신의 아이가 지켜야 할 제약을 설정한 후에 결정적 순간이 찾아온다. 아이는 얼마나 부모를 압박해야 자신이 원하는 것을 얻어낼 수 있는지 알기 위해 갖은 방법을 써서 부모를 시험하려 한다. 지루한 교착상태의 서막이 오른 것이다.

당신의 아이는 이렇게 머리를 굴릴 것이다.

"내가 비명을 질러대면 아빠가 양보할까?"
"내가 울고불고하면, 원하는 것을 얻을 수 있을까?"
"내가 난리를 피우면, 엄마가 포기할까?"

아이가 공공장소에서 부모를 시험하는 일이 발생하면, 부모 역시 쉽게 물러설 수 없다. 당신은 이렇게 자문할 것이다.

"아이와 나 중에 누가 먼저 물러설까?"
"이 전투에서 아이가 이길까, 내가 이길까?"
"아이와 나 중에 누가 먼저 타협을 시작할까?"

부모가 아이의 요구에 항복하지 않고 단호한 태도를 유지하면, 대부분의 경우 아이는 다른 수준의 갈등을 만들어 부모를 압박한다.

여기가 티핑 포인트(*아주 작은 것에서 시작된 것이 쌓이고 쌓여 일정 정도에 달함으로써 극적으로 변화되는 순간-옮긴이)다.

시험행동이 불량행동으로 바뀔 때

유치원에서 고등학교 때까지, 시험행동이 벌어지는 기간은 부모와 자녀가 충돌할 가능성이 가장 높은 시점이다. 아이가 젊고 유연한 근육을 사용해 부모의 견고성을 시험하려들 때 부모로서는 매우 괴롭다.

아이가 당신에게 불량행동을 할 때 당신은 어찌하는가?

▶ 항복하고 아이가 원하는 것을 허락하는가?
▶ 당신의 입장을 고수하는가?
▶ 아이의 불량행동에 맞불 놓듯 강하게 응수하는가?

잠시 숨을 돌리면서, 부모도 사람이란 사실을 되새기는 시간을 갖자. 부모에게도 호시절과 나쁜 시절이 있는 법이다. 일이 잘 풀리는 때라면 부모는 상냥하고 유연하며 한없는 인내심(최소한 충분한 인내심)을 보이는 사람이 된다. 반대의 경우일 때, 부모도 우울하고 짜증스러운 사람이 된다. 화를 내는 것은 물론이고 때로는 부모가 마치 아이처럼 행동하기도 한다.

아이가 부모와 싸울 때, 부모는 자신과의 전투를 치른다.

"내가 항복해야 하나?"
"아이에게 벌을 주어야 하나?"
"아니면 협상해야 하나?"

이런 시험의 순간은 너무나 중요하다. 당신이 그 순간에 어떻게 대처하느냐에 따라 아이가 불량행동을 할지 안 할지가 결정되기 때문이다. 전형적인 시험의 순간을 검토하고, 가장 흔한 부모의 반응 3가지를 점검해보자.

· 거의 실패로 끝나는 부모의 3가지 전술 ·

길고 힘든 하루를 보내고 녹초가 된 상태로 집에 도착한 당신은 소파에 주저앉아 좋아하는 TV 프로그램을 보기 시작한다. 당신은 이 평화로운 시간을 만끽한다.

바로 그때, 아이가 징징거리기 시작했고 좀체 그치지 않는다. 아이는 저녁식사 전에 초콜릿 케이크를 먹겠다고 떼를 쓴다.

"준다고 약속했잖아!" 아이가 우긴다. "아빠가 퇴근한 후에 먹으라고 했잖아."

당신은 저녁식사 후에 먹으라고 말한다. 아이가 TV를 가로막고 서서 소리친다. "난 지금 먹고 싶다고! 지금 당장!"

당신은 눈을 감고 숨을 고른다. 어쩌면 열까지 수를 세고 있을 수도 있다. 그러나 아이는 목소리를 더욱 높인다. "아빠는 나한테 거짓말을 했어! 난 하루 종일 기다렸단 말이야! 아빠 미워! 아빠 바보!"

좋다, 일시정지! 바로 지금이다. 시험의 순간이 불량행동의 순간으로 전환되려는 참이다. 당신은 아이가 하는 말에 의해 공격받고 비하되고 있는 중이다. 어떻게 하겠는가?

대부분의 부모들은 이런 순간에 다음의 3가지 중 하나의 반응을 선택한다. 항복하기, 처벌하기, 타협하기가 그것이다.

1. 항복하기

매번 싸우는 것만이 능사는 아니다. 항복하고 아이가 원하는 것을 제공하는 것도 때로는 괜찮은 선택일 수 있다. 특히 당신이 잠시 동안의 평화를 얻고 싶을 때라면 더욱 그렇다.

하지만 시험행동이 불량행동으로 바뀔 때는 결코 아이의 요구에 굴복해선 안 된다. 굴복이란 아이의 일탈에 보상을 주는 것과 마찬가지이기 때문이다. 가르쳐야 할 순간에 잘못된 교훈을 주는 꼴이다!

아이의 불량행동에 항복할 때마다, 당신은 아이에게 '불량행동이 효과가 있다'는 잘못된 메시지를 전달한다. 그 결과 아이는 자신에게 가해진 제한을 벗어나 원하는 것을 얻기 위해 불량행동을 반복한다. 당신은 아이에게 '세게 밀어붙이면 부모가 항복하고 만다'는 사실을 가르친 것이다.

2. 처벌하기

아이가 불량스러운 행동을 할 때, 당신이 당한 대로 되돌려주는 반응을 자제하기란 쉬운 일이 아니다. 아이의 공격적 행동을 그대로 갚아주고 싶은 충동을 억누를 수 있는 강한 멘탈은 저절로 만들어지지 않는다. 다른 모든 형태의 자제력과 마찬가지로 그 힘도 개발되어야 한다.

냉정을 잃고, 고함치고, 아이를 가혹하게 벌로 다스리는 것은 불량행동에 불량행동으로 맞불을 놓는 행동이며, 가족 사이에 불량행동이란 문화를 만들어낼 뿐이다.

엄한 벌에 의지해 아이와의 전투에서 승리한 부모는 쓰디쓴 승리를 얻은 것이다. 이런 각본에는 승자와 패자가 있기 마련이다. 즉 누군가는 행복하고 누군가는 불행하다. 끊임없이 벌받는 아이들은 부모를 경멸하고 사사건건 억울해 한다. 이런 일이 이어지면 더욱 심각한 문제가 돌출된다.

예를 들자면 아이들의 이런 반응이다.

▸ 직접적으로, 혹은 말 없는 저항을 통해 도전하고 반항한다.
▸ 좌절을 내면화하여 우울이나 불안에 빠진다.
▸ 더 강력한 불량행동을 함으로써 갈등을 증폭시킨다.

3. 타협하기

지금 당신의 아이는 초콜릿 케이크가 먹고 싶어 미칠 지경이다. 신중하고 주의 깊은 부모라면, 잠시 시간을 갖고 자신이 취할 수 있는 선택지를 숙고할 것이다. 당신은 아이의 관점에서 다시 생각해본다. 아이는 케이크를 먹고 싶은 마음으로 종일 당신을 기다렸다. 그런데 집에 도착한 당신은 아이와 반가운 인사를 나누기는커녕, TV에만 시선을 고정한 채 아이를 무시했다.

이제 알겠는가? 아이는 그렇게 행동할 만했다. 이제 당신은 아이와 거래하기로 결정한다. 지금은 케이크의 반쪽만 먹고, 나머지는 저녁식사 후에 먹는 것이 어떠냐고 제안하는 것이다.

▸ 지금 이 순간 타협이 최상의 선택인가?
▸ 아이가 반대 제안을 해오면 어쩔 것인가?

▶ 아이가 계속 떼를 쓰며 케이크를 다 먹겠다고 하면?

타협은 현대의 자녀 양육에서 흔히 사용되는 선택 중 하나이다. 갈등 양상에서 아이와 당신의 공통되는 부분을 찾아본다는 생각은 나쁘지 않다. 당신이 조금 양보하고 아이도 조금 양보하면 모두가 행복할 수 있다. 맞는가?

정답은 '그렇기도 하고 아니기도 하다'이다.

시험행동이 불량행동으로 바뀌면, 타협은 물 건너간다. 떼쓰는 아이와 타협한다는 것은 갈등이 계속될 수 있는 무대를 펼쳐놓는 것과 같다. 항복과 마찬가지로, 타협 역시 아이의 불량행동을 보상하고, 불량행동이 효과가 있다는 것을 아이에게 가르친다. 당신의 규제 때문에 좌절한 아이는 또다시 불량행동에 의지해 떼를 쓸 것이기 때문이다. 떼를 쓰면 타협안이 제시되고, 타협에 의해 자신이 원하는 것을 얻게 되리라는 것을 이미 배웠다.

타협에는 또 다른 약점이 있다. 아이는 모든 것, 다시 말해 착한 행동까지도 타협이 가능하다고 생각하게 된다. 그 자체로 좋은 일이어서, 혹은 그 일을 통해 느낄 수 있는 좋은 감정 때문에 하는 것이 아니라 보상을 얻기 위해 그런 행동을 하게 된다. 예를 들어보자.

▶ 아이가 자신의 잠자리를 정리했으니 용돈을 달라고 한다.
▶ 학교 숙제를 마친 아이가 게임을 1시간 더 하겠다고 한다.
▶ 아이가 성적을 올릴 테니 장난감을 사달라고 요구한다.

착한 행동은 결코 협상의 대상이 될 수 없다. 보상에 대한 타협은 아이의 성취감을 빼앗고 자부심을 느낄 기회를 박탈한다. 그런 아이들은 자립심과 자율성을 개발하지 못하고 미성숙한 상태로 부모로부터 만족을 구걸하는 상태에 묶여 버린다.

· 지금 당장 할 수 있는 조치들 ·

이제 당신은 항복하기, 처벌하기, 타협하기 모두가 장기적 관점에서 문제를 내포하고 있다는 사실을 알았을 것이다. 3가지 전술은 불량행동의 증상에 대처함으로써 짧은 평화를 제공하지만, 그 원인을 해결하진 못하기 때문이다.

주제를 더 깊이 탐색하기 전에, 아이가 불량행동을 할 때 당신이 취할 수 있는 가장 중요한 3단계 행동에 대해 알아보자.

갈등 줄이기, 감정 확인하기, 장점 칭찬하기가 그것이다.

1. 갈등 줄이기

불량행동이 일어나는 순간, 충동적 반응을 통해 갈등을 고조시키는 부모들이 너무나 많다. 고함을 지르거나 아이에게 벌을 주는 반응들은 긴장을 높이고 아이의 불량행동을 악화시킬 뿐이다. 이 순간, 부모가 냉정을 유지하면서 주도권을 갖는 것이 매우 중요하다. 절대 자동반사 반응을 보이듯 행동하지 말라. 감정에 휘말리지 말고 자신의 입장을 고수하라.

갈등이 고조되면 일시정지 버튼을 눌러라. 시간을 갖고, 당신과 아이 모두에게 열을 식힐 수 있는 기회를 주는 것이다. 아이가 엄청난 좌절감에 빠져 있을 때, 이성적으로 따져봐야 아무 소용이 없다. 이성과 논리의 잣대를 들이대는 것은 아이의 좌절감만 키우는 꼴이다.

말다툼을 중지하고 휴전의 시간을 가지면 생각보다 큰 소득을 얻게된다. 생각을 정리하고 평정을 회복할 수 있다는 말이다. 가능하다면 다툼을 벌이던 장소를 벗어나 조용히 걸어보라. 신선한 공기를 마시며 걸으면, 당신과 아이 모두 차분해질 것이다. 아이와의 관계를 평화롭게 만들려고 하기 전에 당신이 먼저 평화로워져야 한다. 마음이 잔잔해진 연후라야, 당신이 어떤 행동을 해야 좋을지를 온 마음으로 숙고할 수 있다.

2. 감정 확인하기

아이의 감정을 확인하고 인정하는 것은 정말 중요하다. 그렇게 하면 절대 잘못될 일이 없다.

"네가 실망했다는 걸 이해한다. 나도 그렇거든."
"속상한 거 알아. 문제를 다시 생각해보도록 내게 10분만 시간을 줄수 있겠니?"
"우선 뭘 좀 먹자. 그러면 우리 둘 다 기분이 나아질 거야."

자신의 감정을 인정받으면 아이들은 긍정적으로 반응하게 되어 있다. 아이들은 그 즉시 차분해지기 시작한다.

휴전하는 동안 스스로에게 물어보라. "무엇이 아이를 난폭하게 행동하도록 했을까? 피곤한가? 배가 고픈가? 무시당한다고 느끼나? 힘든 하루를 보냈나?" 어쩌면 아이는 너무 오랫동안 컴퓨터 게임을 했거나 인터넷 서핑을 했을 수도 있다.

난폭한 행동은 하나의 결과이고 그 원인은 따로 있다. 무엇이 아이를 그렇게 짜증스럽게 만들었는지를 곰곰이 생각해보라. 아이가 마음속에 있는 말을 꺼내도록 이끌고, 아이의 감정을 확인해주는 과정이 필요하다.

"네가 화난 이유를 알겠다. 그럴 만했구나."
"네가 원하는 걸 엄마 아빠가 해주지 않으니 속상했겠네."
"싸우는 건 그만하자. 왜 그렇게 화가 났는지 얘기해줄래?"

더 성숙한 대화가 되도록 아이를 격려하라. 부모에게 이해받고 있다는 느낌이 들면 아이의 좌절감은 누그러지고 상황이 재구성된다.

단, 명심할 것이 있다. 아이가 원하는 것을 주지 말고, 아이에게 필요한 것을 줘야 한다. 실망하거나 좌절한 상태에서 효과적으로 대화하는 법을 배우는 것은 지금 당장 아이가 간절히 원하는 그 어떤 것보다 중요하다.

섣부른 항복, 처벌, 타협은 아이가 문제를 스스로 해결함으로써 좌절을 다루는 법을 배울 기회를 박탈하는 일이다. 난폭한 행동은 전혀 효과가 없을 것이란 점을 분명히 하라.

"네가 그렇게 고함을 지르는 한, 난 대꾸할 생각이 없어."
"아무리 난폭하게 굴어도 네가 원하는 걸 얻을 수는 없단다."
"너는 똑똑하니까, 이렇게 떼쓰는 게 효과가 없다는 건 잘 알지?"

3. 장점 칭찬하기

일단 결론에 도달하면, 당신의 입장을 확고하게 지켜라. 지난 일을 다시 끄집어내서 아이가 당신을 시험하거나 밀어붙일 여지를 주면 안 된다. 아울러 아이의 장점을 칭찬하는 것을 잊지 말라.

"그렇게 솔직하게 말해주니 고맙다."
"힘들 텐데, 이렇게 자신을 표현하는 네가 대견하구나."
"정말 철이 많이 들었구나."

장점을 인정하고 강화해주면 아이의 자존감은 높아질 것이고, 성숙한 대화가 불량행동보다 보상이 더 크다는 점을 점차 이해하게 될 것이다.

• 팬케이크 치료로 돌아가자 •

매주 아침식사를 함께하는 일이 딸아이와의 관계를 극적으로 개선하긴 했지만, 아직 일이 끝난 건 아니었다.

여러 모로 보아 딸아이에게 항복하거나 벌을 주거나 타협하는 편이 더 편했을지도 모른다. 하지만 그중 어떤 선택도 딸아이에게 내재된 감정을 해결하지는 못했을 것이다. 이제 딸아이가 불량행동을 보이는 순간, 앞의 3단계 조치를 취함으로써 최종 결과가 어떻게 바뀌었는지 설명할 차례다.

씩씩거리는 딸아이 앞에서 내가 차분한 상태를 유지하자, 둘 사이의 긴장감이 살짝 누그러들었다. 나는 딸아이가 그렇게 행동하는 이유를 생각해보기 위해 시간을 가졌다. 나는 자문했다. 딸아이를 화나게 할 가능성이 있는 요인들은 무엇일까? 새로 태어난 여동생에게만 쏠리는 관심 때문에 아이가 혼란스러워 한다는 것은 알고 있었으므로, 나는 둘의 대화가 좀 더 새롭고 성숙한 차원으로 향할 수 있도록 노력했다.

일단 딸아이의 감정을 확인해줌으로써 아이가 차분해지는 효과를 끌어냈다. 나의 관심을 온통 딸아이에게 기울이고 이해하기 위해 최선을 다한 결과, 아이가 자신의 깊은 혼란(가족들로부터 무시당하고 사랑받지 못하고 있다는 느낌)과 불안을 얘기하기 시작했다. 좌절을 말로 표현하려고 애쓰는 일은 딸아이를 한층 성숙시키는 효과를 가져왔다.

다시 말해, 딸아이는 불량행동을 하고 싶은 충동을 극복하고, 그 충동 뒤에 숨어 있는 상처를 말로 표현하게 된 것이다. 만약 내가 항복하고 벌주고 타협했더라면 아이가 정서적으로 성장할 수 있는 기회를 빼앗는 결과를 냈을 것이다.

좌절은 성숙으로 이끄는 연료와도 같다. 자신들의 좌절감을 처리하고 그것을 성숙한 방식으로 표현하도록 이끌어주면, 아이들은 더 이상 불량행동에 만족하지 않게 된다.

· 불량행동을 없애기 위한 장기적 조치들 ·

좋다, 이제 당신은 아이의 불량행동을 해결할 수 있다. 당장의 갈등을 끝낸 것이다. 하지만 더 큰 문제가 수면 위로 떠오른다. 왜 아이가 '부모를 괴롭히는 불량행동을 했는가' 하는 문제다.

명심하라. 불량행동은 심각한 문제를 드러내는 하나의 증상이며, 숨겨진 원인에 따른 결과다. 문제의 뿌리에 이르는 첫 걸음은 아이의 라이프스타일을 신속하게 평가하는 작업이다.

아이의 생활에 뭔가 결핍된 것이 있을 가능성이 크다. 불량행동을 완화하고 상황이 더 악화되는 것을 막기 위해, 건강한 사회·정서 발달에 필요한 5가지 기본 요건에서 무엇이 부족한지 살펴보도록 하자(다음 페이지의 체크리스트는 내가 진행하는 자녀 양육 워크숍에서 자주 사용되는 것이다).

아이의 건강한 사회·정서 발달에 필요한 5가지

☑ 긴장의 배출구 만들기

☑ 자존감 높이기

☑ 구조, 제한, 경계선 설정하기

☑ 훌륭한 교사, 롤 모델, 멘토 찾기

☑ 학습 진단 이용하기

1. 긴장의 배출구를 만들자

1회 30분의 유산소 운동을 주 3회 이상 하면, 불안과 우울 증상이 70%까지 감소될 수 있다는 연구 결과가 있다. 무려 70퍼센트다!

운동은 대뇌의 화학물질인 엔도르핀을 생성하는데, 엔도르핀은 불안과 우울감을 낮추는 데 도움이 된다. 불안과 우울은 불량행동의 2가지 큰 원인이다. 정기적으로 긴장을 배출하는 아이들은 더 좋은 기분을 유지하고, 더 명료하게 생각하며, 더 깊은 잠을 잔다. 운동을 통해 몸안에 축적된 스트레스를 발산하기 때문이다. 운동은 심장 박동을 촉진해 신선한 산소를 혈액 속에 공급함으로써 아이들의 신진대사를 증진하는 효과도 있다.

건전한 긴장 배출구를 갖고 있는 아이들은 자기 자신에 대해서도 훨씬 긍정적이다. 그래서 남을 괴롭히는 행동이나 부모를 괴롭히는 일에 흥미가 없다.

운동이 필요하다고 하니 에어로빅 강습이나 개인 트레이너와 함께 하는 힘든 훈련만 연상할지도 모르겠다. 혹은 '이제 아이를 체육관에 데리고 가는 일까지 해야 하나?'라며 피곤해할 수도 있다.

하지만 중요한 것은 아이가 몸을 움직이게 만드는 것이다. 어디가 됐든, 지금 당장 할 수 있는 곳에서 시작하라. 팀으로 하는 운동이 마음에 들지 않는다면, 경쟁과는 관계없는 운동들도 많다. 수영, 사이클, 등산, 댄싱, 요가, 태극권도 있다. 내친 김에 당신도 아이와 함께 운동을 시작할 수 있다.

학생들이 내 사무실을 방문하면, 나는 그의 기분이나 보디랭귀지를 통해 그가 긴장의 배출구를 갖고 있는지 아닌지 금방 알아차린다. 배출구가 없는 아이들은 신체적으로나 정서적으로 훨씬 뻣뻣하고 융통성이 없다. 몸안에 쌓인 스트레스가 과도해 견딜 수 없을 때 아이들은 부모에게 불량행동을 하는 것이다.

Case Study

. . . .

게임광 테리Terry 이야기

학교에서 집으로 오자마자, 테리는 좋아하는 게임 사이트에 접속해 한참이나 게임에 몰두했다. 몇 시간 후, 게임을 시작했을 때보다 테리의 기분은 더 나빠졌다. 짜증이 난 테리는 다짜고짜 엄마에게 성질을 부렸고, 숙제고 뭐고 다 팽개치고 샤워조차 하려 들지 않았다.

컴퓨터 게임이 아이의 기분에 미치는 효과는 아이의 기질과 활동 수준에 따라 달라진다. 만약 친구가 많고, 유산소 운동을 많이 하고, 긍정적이고 창조적인 배출구가 있는 아이라면 게임이 아이의 기분에 별 영향을 미치지 않을 가능성이 높다. 반대로 다른 활동이 거의 없으면서 주구장창 게임만 한다면 당신은 곧 험한 꼴을 당할 처지라 생각해야 한다.

게임회사를 빼놓고는, 게임에 대한 집착으로부터 이익을 얻을 사람은 없다. 사실상 대부분의 게임들은 플레이어의 긴장과 스트레스 수준을 증가시킨다. 그런데 신체적인 스트레스 배출구가 없는 상황이라면, 자신의 부모에게 못된 짓을 하는 것이 축적된 긴장을 해소하는 일차적인 방법이 되는 것이다.

아이들이 게임의 세계에 빠져들수록, 실제적으로 삶의 세계에 대한 흥미와 참을성이 줄어든다. 더구나 즉각적 만족에 대한 탐닉, 사회적 고립과 개인적 도전 의지의 감소 등 게임을 하는 아이들은 중독자와 비슷한 양상을 보이게 된다.

테리는 운동을 거부했고, 고등학교 1학년 때는 경도 비만에 도달했다. 비만으로 건강이 안 좋아진 것은 물론이고 자존감과 교우관계도 피폐해졌다.

테리의 부모는 나와의 몇 차례 만남 후, 게임을 제한해야 한다는 데 동의했다. 그들은 아들에게 게임을 계속하려면 몸을 움직여야 한다고 말했다. 운동은 이제 필수 사항이 되었다.

몇 번인가의 실패 끝에, 테리의 아빠(그 역시 과체중에 시달리고 있었다)는 저녁식사 후 아들과 함께 산책을 시작했다. 처음엔 아무 말 없이 걷는 침묵의 동행이었다. 마지못해 산책에 따라나선 테리는 아빠 뒤에 멀찌감치 떨어져서 따라오는 것이 고작이었다.

하지만 시간이 흐르자 테리가 조금씩 입을 열기 시작했다. 학교생활에서 느끼는 문제를 아빠에게 털어놓기 시작한 것이다. 아빠는 아들의 이야기에 귀 기울이면서 자신이 학창시절 겪었던 문제들을 얘기해줌으로써 테리의 감정을 확인해주었다.

둘 사이는 훨씬 가까워졌다. 테리는 이해받고 인정받고 있다고 느꼈다. 함께 걷는 시간을 가짐으로써 갈등이 완화되고 긴장이 방출되었다. 부자 관계가 리부팅된 것이다.

테리의 아빠는 이렇게 회상한다. "처음엔 '함께 걷는 것이 무슨 도움이 될까?'라고 생각했죠. 그런데 테리가 조금씩 바뀌는 걸 알겠더라고요. 아이는 느긋해졌고 좀 더 협조적인 태도를 보였죠. 어느 날은 내게 이렇게 말하기까지 했어요. '아빠, 좀 일찍 출발하는 게 어때요? 오늘밤엔 몇 블록 더 걷고 싶거든요' 정말 놀랄 일이었죠."

테리가 펜싱에 흥미를 나타냈을 때 진정한 돌파구가 만들어졌다. 돌격, 급습과 같은 펜싱 용어가 자신이 좋아하는 게임과 비슷하게 느껴졌던 모양이다. 테리는 펜싱 초보 단계를 거쳐 중급자 단계에 등록했다.

테리의 펜싱 코치, 그러니까 어쩌다가 테리의 중요한 멘토가 된 그는 경기에 나가기 위한 스파링을 해보는 게 어떠냐고 제안했고 테리는 흔쾌히 받아들였다.

테리의 정서 상태는 빠르게 안정되었고 유머 감각도 되돌아왔다. 테리의 부모가 확고한 입장을 취하지 않았다면, 이 모든 일은 일어나지 않았을 것이다. 그들은 아들이 원하는 것(더 많은 게임 시간)을 주기보다는 테리에게 필요한 것(긴장 배출구)을 주었다.

단 몇 주 만에, 테리의 불량행동은 문젯거리가 아니게 되었다. 테리는 자신을 긍정적으로 느끼게 되었고, 그 결과 부모와의 관계도 좋아졌던 것이다.

2. 자존감을 높이자

아이들에게는 자존감을 느낄 원천이 필요하다. 이는 활동, 재능, 취미 등의 분야에서 자랑스러운 감정을 샘솟게 만드는 근원을 의미하며, 개수로는 3~5가지 정도가 적당하다. 아이가 다양한 자존감의 원천을 갖지 못했다면 남을 괴롭히는 행동에 빠져들 가능성이 훨씬 큰 것이다.

불량행동을 하는 아이들은 하나같이 자존감 문제와 씨름하고 있다고 봐야 한다. 아이가 고유한 재능, 스킬, 열정을 찾아 개발하도록 이끄는 일이 아주 중요한 이유가 거기에 있다. 만약 자녀가 자존감의 원천을 하나밖에 갖지 못했다면, 삶에서 부딪치는 곤경에 대한 방어력이 상대적으로 약하다는 의미다.

자신을 가치 있게 느끼는 자존감이 하나의 원천에서만 비롯되어서는 안 된다. 자부심의 원천이 여럿인 아이일수록 불량행동을 할 가능성이 낮아지고, 삶의 오르막과 내리막에 더 잘 대처할 수 있다.

그렇다면 무엇부터 시작해야 할까? 아이가 흥미를 드러내는 것을 찾는 것이 가장 좋다. 스포츠일 수도 있고 사진, 미술, 음악, 디자인일 수도 있다. 아이가 아무것에도 흥미를 보이지 않는다면, 당신은 무엇이라도 얻어 걸릴 때까지 이것저것 찾아볼 각오를 해야 한다. 아이가 'no'라고 한다고 쉽게 포기해서는 안 된다. 확고한 태도로 아이를 이끌어서 아이가 흥미를 보이는 것을 찾는 일을 계속해야 한다!

Case Study

· ·

잠시도 가만히 못 있는 스테파니Stephanie 이야기

중학생인 스테파니는 학교에서도 유명한 아이였다. 잠시도 엉덩이를 붙이고 앉아 있지 못했고, 쉴 새 없이 움직이고 끝없이 떠들면서 교실 여기저기를 돌아다녔다. 교사들이 그런 행동을 제지하면 스테파니는 짜증을 내며 난폭해졌다.

아이의 혼란스러운 에너지는 부모까지 탈진하게 만들었다. 그들은 항복, 처벌, 타협에 해당하는 별 짓을 다 해보았다. 그들은 행동평가표를 스테파티의 방과 냉장고 문에 붙여두고, 바람직한 행동에 대한 보상으로 스티커를 붙이기도 했다. 행동수정 프로그램에 데리고 가기도 했다. 하지만 아무리 노력해도 별 도움이 되지 않았다.

그런데 해결책은 평범한 곳에 숨어 있었다.

스테파니는 댄스 공연을 좋아했다. TV에서 댄스 경연대회를 중계하면 꼼짝도 안 하고 몇 시간씩이나 지켜보곤 했다. 가끔 댄스 동작을 따라 하기 위해 잠시 일어나는 것이 고작이었다. 힙합, 모던댄스, 볼룸댄스, 발레, 탭댄스, 재즈댄스 등 뭐라도 좋았다. 아이는 춤 그 자체를 좋아했다.

한 진로 상담사가 스테파니에게 지역 청소년센터에 개설된 댄스 강습에 가보라고 권했다. 그리고 아이의 생활은 완전히 바뀌었다. 스테파니의 엄마는 이렇게 회상한다. "첫 강습 때 아이의 모습을 보고 숨이 멎는 것 같았어요. 항상 그랬듯이 수업에 지장을 주는 행동을 할 것이라 생각했거든요. 하지만 아니었어요. 아이는 얼굴 가득 미소를 띠고 수업에 몰입했어요. 나는 즉시 아이를 주 3회 강습에 등록시켰답니다."

일단 아이가 좋아하는 것을 찾아내고, 아이가 자랑스러워할 수 있는 뭔가를 시작하자 막혀 있던 모든 에너지를 분출할 수 있는 긍정적인 출구와 구조가 만들어졌다. 댄스는 아이의 자존감을 채워주었다. 스테파니는 공부도 잘하게 되었고 사교성도 좋아졌다. 물론 댄스 교사는 스테파니의 멋진 롤 모델이자 멘토가 되었다.

아이들의 삶에서 결여된 부분에 채워지는 것이 불량행동이다. 비어 있던 그 부분에 자존감을 높여줄 활동을 채워주면, 불량행동은 급속도로 사라지게 된다.

3. 구조, 제한, 경계선을 설정하자

구조, 제한, 경계선이란 부모가 아이에게 부여하는 일종의 틀이다. 물론 그 목적은 자녀가 건전한 습관을 갖도록 하기 위함이다. 아이들은 이런 구조를 내면화함으로써 자신의 생각, 느낌, 충동을 조직화하는 능력을 발전시킨다. 자신의 시간을 관리하고, 사람들과 신중하게 관계 맺고, 자신의 욕구와 다른 사람의 욕구 사이에 균형을 잡게 되는 것이다. 긍정적 구조, 제한, 경계선은 아이에게 올바른 판단 능력과 도덕성을 발달시키는 역할을 한다.

그런데 여기엔 함정이 있다. 아이는 결코 이런 틀을 갖고 태어나지 않으므로 부모가 제공해야 한다는 것이다. 건전한 구조, 제한, 경계선이 없으면 불량행동은 반드시 나타나게 되어 있다. 불량행동을 제어하는 구조, 제한, 경계선의 역할에 대해 자세히 살펴보자.

구조 잠자리에 들 시간, 식사 시간, 매일 하는 학교 숙제, 집안일, 기타 활동에 대한 일관된 시간표는 자녀들의 불안을 낮추고 긴장을 감소시키기 위해 꼭 필요하다. 이렇게 정해진 일상은 단조로워 보이겠지만, 아이들에게는 필수불가결한 것이다. 구조는 혼돈에 질서를 부여하고, 조직화된 힘으로 불안감을 달래준다. 아이들은 구조화된 일상을 통해 자신과 주변의 환경을 더 잘 돌볼 수 있게 된다.

제한 제한은 파괴적으로 치달을 수 있는 행동에 대해 부모가 설정한 한계이다. 제한의 궁극적 목표는 충동과 행동 사이에 '정지'의 순간을 끼워 넣는 것이다. 부모에게 난폭한 행동을 하는 대부분의 아이들은 충분할 정도로 행동의 제한을 받아본 적이 없다. 특히 자신들이 원하는 것을 얻기 위해 부모를 어디까지 밀어붙일 수 있는지를 시험하는 기간이 문제가 된다.

제한을 설정하는 일은 부모의 양육 스타일, 아이의 성정, 가족 문화에 의해 많은 영향을 받는다. 가족 문화는 아이들의 행동에 대한 기대가 천차만별인 원인이기도 하다. 어떤 가족은 더 엄격하고 개인의 책임을 더 많이 강조한다. 다른 가족은 지나치게 자유방임적이고 아이에게 적절한 제한을 부과하지 않는다. 자녀의 불량행동에 의해 괴롭힘을 당하는 부모는 후자일 경우가 많다.

중요한 것은 균형 감각이다. 너무 많은 제한은 아이의 모험심을 꺾고 세상을 경이롭게 바라보는 감각을 망가뜨린다. 제한이 너무 적으면 마음챙김과 자기 존중감을 발달시키는 일에 어려움을 겪게 된다.

경계선 경계선이란 사람들 사이의 공간에 어떻게 대처할지를 아이에게 가르치는 방식이다. 불량행동을 하는 아이들은 거의 예외 없이 제대로 된 경계선을 갖고 있지 않다. 자신들이 어디에서 멈추고 다른 사람에게 양보해야 할지를 모른다. 그 결과, 다른 사람의 공간을 침범하고 자기가 원하는 것을 얻기 위해 다른 사람을 조종하려 든다.

경계선은 크게 두 가지 형태를 취하는데, 신체상의 경계선과 감정상의 경계선이 그것이다. 신체적 경계선은 신체적 공간을 존중하는 일과 관련되어 있고, 감정상의 경계선은 다른 사람의 감정을 존중하고 그들과 사려 깊게 의사소통하는 일과 연결된다.

구조, 제한, 경계선의 부재는 불량행동을 부추겨 충동적이고 제어 불가능한 아이로 만든다. 명심하라. 결코 아이를 억압하기 위해 틀을 만드는 것이 아니다. 아이들의 길들여지지 않은 생명력과 무분별한 에너지를 그 상태로 인정하고, 그것이 긍정적으로 표현될 수 있는 그릇을 제공하려는 것이다.

예를 들어보자. 당신 아이의 관심사와 재능을 찾아냈다면 그것이 체육 활동이든 음악이든 댄스든 요리든 무엇이라도 좋으니 아이를 위한 틀을 만들어야 한다. 자신이 좋아하는 분야에서 숙달의 경지를 향해 나아감에 따라, 불량행동은 더 이상 아이의 흥미를 끌지 못한다. 그리고 이러한 틀은 중요한 두 가지 스킬을 발달시킬 수 있게 해준다. 바로 회복력resilience과 자율성self-discipline이다.

Case Study

. . . .

모두가 부러워한 에빈Evin 이야기

에빈은 부모님이 자신에게 허용한 자유에 대해 떠벌리기를 좋아했다. 꼭 해야 하는 집안일도 없었고, 밤늦게까지 자지 않고 빈둥거려도 아무 제재를 받지 않았다. 부모님은 에빈이 학교 숙제를 하든 말든 성적이 어떻게 나오든 뭐라 하는 법이 없었다. 심지어 부모에게 성질을 부리고 고함을 쳐도 아무 일이 없었다. 다른 아이들 같으면 상상도 하지 못할 막말을 부모에게 하면서도 별 일 없이 잘 지냈던 것이다. 친구들은 에빈을 부러워했다. 친구들이 보기에 에빈은 원하는 것을 다 갖고 있었다.

어느 날, 에빈의 친구들은 에빈의 부모가 자녀에게 부여한 자유에 관해 토론했다. 아이들은 자신의 부모가 에빈의 부모 같으면 얼마나 행복할까를 상상했다.

충분한 토론이 이루어진 후, 나는 에빈의 친구들에게 한 가지 제안을 했다. "내가 너희들 부모님을 설득해 에빈이 누리고 있는 것과 같은 자유를 주도록 하면 어떻겠니?" 아이들 모두가 웃음을 터뜨렸다.

"그게 될까요?" "어림도 없어요."

부모가 자신들에게 부여한 구조, 제한, 경계선을 포기한다는 것은 터무니없는 얘기였다. 아이들은 내가 꿈도 못 꿀 얘기를 한다고 비난했다.

그때 10대 초반의 나이지만 조숙한 편인 수지Susie가 말을 꺼냈다. "제 부모님은 절대 에빈의 부모님처럼 하지 않으실 거예요."

"왜 그렇게 생각하니?" 내가 물었다.

"부모님은 저를 사랑하시니까요."

부모들은 자녀에게 틀을 부과하는 것을 부정적으로 생각하는 경우가 많다. 하지만 사실은 그 반대다. 구조, 제한, 경계선이 없으면 아이들은 자신이 사랑받지 못하고 있다고 느낀다.

4. 강력한 교사, 롤 모델, 멘토를 찾아보자

아이에게 의욕을 불어넣고 격려해주는 어른보다 더 강력한 존재는 없다. 희망을 주는 교사, 힘을 북돋아주는 코치, 아이 편이 되어주는 이모나 삼촌, 혹은 친척의 긍정적 관계는 아이로 하여금 순식간에 불량행동을 그치게 만드는 힘을 갖고 있다. 아이들은 자신에게 의욕과

힘을 주는 어른들과 좀 더 비슷해지려고 노력하기 때문이다.

좋아하는 활동을 찾은 후, 테리와 스테파니에게 생긴 변화를 생각해 보라. 두 아이 모두 운동으로부터 도움을 받았고, 자존감이 높아지는 경험을 했다. 하지만 그게 다가 아니다. 그 활동을 통해 테리와 스테파니는 자신들이 존경할 수 있는 어른, 다시 말해 예의 바르게 행동하고 싶게 만드는 멘토와 연결되었던 것이다.

멘토가 아이를 신뢰할수록, 아이는 자신을 신뢰하게 된다. 자신이 닮고 싶어 하는 어른이 적극적인 관심을 보이며 바람직한 삶의 방식을 가르칠 때, 아이가 갖는 목표의식은 강해지고 아이의 장래는 더 밝아지게 마련이다.

당신 아이를 위한 롤 모델이나 멘토는 현재 가족의 범위 밖에 있는 사람 중에서 찾는 것이 좋다. 만약 딸의 미술 선생님이 멘토라면, 그 선생님에게 당신이 얼마나 중요한 인물인지를 알리도록 하자.

5. 학습 진단을 이용하자

자녀의 불량행동에 시달리는 부모로부터 '아이가 학교 공부에 관심이 없고 게으르다'는 말을 들을 때마다 나는 그 얘기를 곧이곧대로 듣지 않고 의심하는 버릇이 있다.

"왜 그 아이는 학교생활을 잘하지 못할까?"
"실제로 일어나고 있는 일은 무엇인가?"

가장 가능성이 높은 원인은 학습 편차를 고려하지 않은 것이다. 옛날에는 아이들에게 '학습불능learning disabled', 혹은 '정서장애emotionally disturbed'라는 딱지를 붙이곤 했다. 하지만 실제로 아이들에게 능력이 없거나 장애가 있는 것이 아니다. 그들은 그저 사물을 다른 방식으로 볼 뿐이다. 불능이니 장애니 하는 딱지는 부정확하고 아무짝에도 도움이 되지 않는 것들이다.

어떤 아이들은 대부분의 아이들과는 다른 독특한 정보처리 방식을 갖고 있고, 학교에서 배우는 방식을 따르기 어려워한다. 특정 주제에 대해서는 더 그런 경향을 보인다.

그들의 특이한 학습 방식은 그저 독특할 뿐이다. 그것을 이해하고 잠재력을 발휘하도록 도와줄 조합을 발견하는 것이야말로 그 아이들을 학문적으로 성공하도록 돕는 길이다.

학교에서 일반적으로 취하고 있는 접근과는 다른 학습 방식을 갖고 있는 아이들에게 학교 수업은 끊임없는 긴장의 연속이다. 수업을 마치고 집에 돌아올 때쯤에 그 아이들은 기진맥진하고 짜증이 난 상태이므로, 그날 학교에서 받았던 모든 스트레스를 부모에게 쏟아낼 가능성이 크다.

학습 방법의 차이는 공부의 난이도가 높아지고 숙제가 더 복잡해지는 중학교나 고등학교에서 나타날 확률이 높다. 아이의 학교 성적이 떨어져 좌절하는 부모가 많다. 부모는 궁금하다. "도대체 무슨 일이지? 왜 갑자기 공부를 못하는 거야?"

좌절이 커짐에 따라, 부모들은 아이에게 더 많은 압박을 가하는 경향이 있다. 안 그래도 학교에서 압박을 받고 있는 자녀에게 말이다. 학교와 집 모두에서 시달리는 아이들이 그 상황을 잘 견뎌낼 수 있을까? 이내 부모와의 대화가 단절되고 학교 숙제며 집안일, 그 밖의 의무사항 이행에 빨간불이 들어온다. 이런 경우라면 지나친 스트레스를 겪는 일상생활의 결과로 불량행동이 표출되는 것이 오히려 당연하다.

신경심리학적 평가   나는 학습에 어려움을 겪은 경험이 있는 아이에게 신경심리학적 평가를 받아보라고 권한다. 학교와 연계된 심리학자, 정신건강 클리닉, 학습센터, 정신신경과 의사로부터 이 평가를 받을 수 있다(자세한 내용은 7장에 나온다).

간단히 말해, 신경심리학적 평가는 인지 능력을 측정한다. 총 10시간 정도가 소요되고, 10여 차례 나눠서 실시할 수도 있다. 테스트가 끝나면 부모는 아이의 학습 스타일, 강점, 약점 등을 망라한 총체적인 평가표를 받아보게 된다. 거기에 더해서 생물학적 이력과 부모의 육아 태도, 아이의 성정이 학습에 미치는 영향까지 알 수 있다.

신경심리학적 평가를 할 동안, 심리학자는 아이와 일대일로 작업하며 다음과 같은 일을 하는 데 어려움이 있는지를 검사한다.

▶ 특정 주제에 대해 주의 유지하기
▶ 상징 해석하기와 독해하기
▶ 종이 위에 글로 옮기기

종합 검사에는 청각 및 시각 기능, 처리 속도, 운동 스킬, 지능, 기억, 말하기, 조직화 스킬 등에 대한 측정도 포함되어 있다.

테스트 결과는 늘 예상치 않았던 것들을 알려준다. 예를 들어보자. 불량행동을 하는 아이들은 지적인 기능과 추론 능력에서 높은 점수를 받는 반면, 조직화 스킬이나 기억 기능에서 낮은 점수를 받는 경우가 많다. 이런 아이는 시속 30킬로미터의 속도밖에 내지 못하는 고성능 자동차에 비유될 만하다.

일단 학습 방식의 차이가 밝혀지면 아이가 학교에서 성공할 수 있도록 돕는 방법을 추천받게 된다. 학습 전문가와의 작업, 추가 시험 기회 제공, 학교에서의 학습 지원, 특화된 수업 지도 등이 그 예이다. 자신에게 맞는 특별한 보살핌을 받게 되면 아이의 학업 성취는 엄청나게 향상된다. 불량행동을 하는 아이가 학습 문제로 괴로워하고 있다면 반드시 고려해봐야 할 사항이다.

Case Study

. . . .

우등생이었던 헨리Henry 이야기

헨리는 늘 우등생이었다. 초등학교 시절은 별 노력 없이도 공부를 잘했다. 하지만 중학교에 들어가서는 상황이 완전히 달라졌다.

성적은 곤두박질쳤고 난폭한 행동을 보이기 시작한 것이다. 헨리는 부모에게 말대꾸를 했고, 학교 숙제를 완전히 포기했다. 저녁 시간만 되면 헨리와 부모는 학교 숙제를 두고 말다툼을 벌였다. 착하고 상냥하던 아이에서 불행한 폭군으로 변한 헨리를 보는 것은 정말 가슴 아픈 일이었다.

학습 상담 교사로부터 전문적 치료를 추천받은 헨리의 부모가 나를 찾아왔다. 헨리의 이력을 들은 후 나는 신경심리학적 평가를 권했다. 헨리의 부모는 기겁을 하며 내 충고를 반박했다.

"헨리는 그냥 게으를 뿐이에요. 최선을 다하지 않아서 그래요."

3개월 후, 헨리의 불량행동은 더 심해졌고, 부모는 평가를 받기로 동의했다. 평가 결과는 놀라웠다. 헨리의 지능과 추상적 추론 능력은 최고 수준이었다. 진정한 천재였다. 하지만 헨리에게 문제가 발견되었다. 청각 처리 기능과 집행 기능의 점수가 낮았던 것이다.

청각 처리 지체는 정보 처리를 어렵게 만든다. 헨리는 같은 반 아이들의 정보 처리 속도를 따라잡을 수 없었다. 특히 말로 하는 강의를 따라가는 것은 거의 불가능에 가까웠다. 헨리의 집행 기능, 즉 기획하고 제안하고 복잡한 과제를 완성하는 기능 역시 지능에 비해 많이 떨어지는 편이었다. 헨리에겐 노트 필기의 조직화와 과제를 수행하는 기능이 향상되도록 훈련시킬 학습 전문가가 필요했다.

헨리는 게으르거나 까다로운 아이가 아니었다. 학습 방식이 남들과 달랐을 뿐이다. 수업 시간에 워드프로세서를 사용하고, 숙제는 학습 전문가의 도움을 받고, 시험에서 추가 시간을 부여받고, 학교에서 학습 지원을 받게 되자 헨리의 성적은 쭉쭉 오르기 시작했다. 헨리는 자기 자신을 더 존중하게 되었고, 불량행동은 종적을 감추었다.

의외로 불량행동의 가장 흔한 원인은 학습 방법의 차이다. 훌륭한 심리학자라면 학습에 관련된 문제점을 밝혀내고, 아이를 위한 학습 지원 프로그램을 안내해줄 것이다. 그렇지만 단 한 가지 방법에만 의존하는 것은 위험하다. 불량행동을 끝장내기 위해서는 아이에게서 제대로 작동하지 않는 한 부분만 문제 삼아서는 안 된다. 아이 존재 전체에 대한 고려가 필요한 것이다.

3장

탈진한 부모는
아무것도 변화시킬 수 없다

우리는 아이들의 정서 발달에 관해 약간의 통찰을 얻었다. 이제는 당신이 어떻게 자녀의 희생양이 되는지를 자세히 살펴볼 차례다. 핵심으로 접근하기 위해 당신의 과거사에 초점을 맞춰보자.

자, 얼마나 오래 전으로 돌아가야 할까? 오랫동안 잊고 살았을 것이 확실한 당신의 어린 시절이다. 우리는 지금 당신의 자녀 양육에 가장 큰 영향을 미치는 힘을 찾아내려고 한다. 그리고 그것은 당신이 양육된 방식이다. 당신의 어린 시절이야말로 당신이 아이에게 괴롭힘을 당하는 이유를 설명할 수 있는 가장 중요한 열쇠다.

자녀 양육은 누구에게게나 맞는 '프리 사이즈'일 수가 없다. 양육은 뿌리 깊은 개인적 경험이다. 당신의 고유한 정체성, 역사, 가족 문화를 고려하지 않은 조언은 미흡할 수밖에 없다. 하나로 정리된 '양육 대본'이 모든 부모의 입맛에 맞을 리도 없다. 내 자신이 그 증거다. 아동심리학이나 육아 전략에 아무리 통달했다 해도, 삶의 역사가 갖는 심오한 영향을 이해하고 자신이 살아온 경험이 자녀 양육 상의 의사결정에 어떤 식으로 영향을 미치는지를 인식하지 못하는 한 아무런 도움이 되지 않는다.

나는 결코 당신에게 일반적인 해법과 조언을 강요하지 않을 것이다. 할 것과 하지 말아야 할 것의 목록 같은 것이 잠시는 도움이 될지 모르겠지만, 근본적 변화를 이끌어내지는 못한다. 자녀를 키우는 일에는 감정이 깊숙이 개입되어 있다. 자녀로부터 변화를 이끌어내는 가장 빠르고 효과적인 방법은 조종, 제어, 지배가 아니다.

최고의 전략은 거울을 잘 들여다보는 데서 시작된다. 당신 자신으로부터 시작된다는 말이다.

• 과거는 현재다 •

"눈을 감고 지금 자녀들 나이 때의 자기 자신을 그려보세요." 나의 자녀 양육 워크숍에 참석한 부모들이 가장 먼저 듣는 요구사항이다. 처리해야 할 일로 가득한 일상의 세계에서 벗어나, 자신이 아이였을 적의 감정을 생생하게 되살려보라는 것이다.

대부분의 부모는 자신이 어렸을 적 어떤 식으로 느끼고 생각했는지를 잊고 있다. 때때로 우리는 부모라는 권위 뒤에 숨어, 마치 전지전능한 존재처럼 보상과 처벌을 나눠준다. 아이들을 폄하하고 자신을 높이는 강압적인 설교를 하기도 한다.

"내가 네 나이 때는 말이지…… 어쩌고저쩌고."

지겹기 짝이 없다! 10대들은 자기 부모들이 말 고문을 한다고 말한다. "도대체 어른들은 왜 그러는 걸까요? 부모가 된 순간에 아이로 산다는 것이 어떤 느낌인지 말끔히 잊어버린 것 같아요."

그 말이 맞다! 부모가 된 후에는 대개 어린아이가 어떻게 느끼는지를 망각한다. 부모가 자녀와 동일시하지 않을수록, 그리고 아이들의 경험과 적게 관련될수록 갈등은 더 쉽게 더 많이 발생한다. 부모가 자신이 어렸을 적의 느낌과 경험에 연결되면 자녀와 더 가까워지고 좀 더 인간적인 부모가 될 수 있다.

육아가 시작된 시기로 거슬러 올라가보자. 나는 당신이 부모가 되는 것을 어떤 느낌으로 받아들였는지 기억해내길 바란다. 당신의 과거를 되새기는 것은 당신의 아이와 주파수를 맞추고, 감정 상태를 이해하고 인정하는 데 도움을 줄 것이다. 아이의 불안정함, 공포, 불안이 이해되면 아이를 심판하고 비난하는 일이 훨씬 줄어든다. 당신이 아이의 경험과 동일시할수록, 아이가 이해받고 있다고 느낄수록, 불량행동의 가능성은 현저히 줄어드는 것이다.

그러니 시간을 충분히 할애하여, 당신이 지금 자녀의 나이였을 시절로 돌아가 세밀한 부분까지 떠올려보자.

▶ 당신은 무엇을 입고 있는가? 마음에 드는 옷인가?

▶ 머리 모양은 어떻고, 머리카락의 길이는 어느 정도인가?

▶ 당신의 침실은 어떤 모습으로 꾸며져 있는가?

자, 이제 머릿속으로 과거의 장면 장면을 기억해보자. 글로 쓴다면 더 좋을 것이다. 당신의 기억들이 거침없이 흐르게 하라. 이미지가 떠오를 때마다 각각의 이미지를 따라가 보라. 아직 당신의 부모님에 대해서는 생각하지 말라.

서두르지 말고 천천히 진행하라.

▶ 당신은 어떤 활동을 좋아했는가?

▶ 가장 안전하지 않다고 느낀 것은 무엇인가?

▶ 당신을 괴롭힌 사회생활과 관련된 두려움은 무엇인가?

이제 부모님과 관련된 질문 목록들을 검토할 차례다. 천천히 한 번에 하나씩 검토하라. 혹은 한꺼번에 수월하게 통과할 수도 있다. 어느 쪽이든 상관없다.

중요한 건 각 질문에 대해 마음에 떠오르는 것은 기억해두어야 한다는 점이다. 처음 떠오르는 기억을 특히 중요하게 여겨라. 무엇보다 솔직해야 한다. 떠오르는 각각의 기억이 부모로서 괴롭힘을 당하는 현재 상황을 구성하는 조각이란 사실을 신뢰하라.

▸ 당신 부모님에 관련된 최초의 기억은 무엇인가?

▸ 그때 당신은 몇 살이었나? 어디에 살고 있었는가?

▸ 그 기억에 따라오는 느낌은 어떤 것인가?

계속 진행하라. 구체적이고 세밀하게 살펴봐야 한다. 가능한 한 기억들을 쫓아가도록 하자. 여러 개의 기억이 떠오른다면 그것도 좋다. 그 기억들을 구체화하라. 우리는 지금 당신의 자녀 양육 스타일을 만들어낸 '보이지 않는 힘'을 조사하는 중이다.

떠오르는 기억들이 그 열쇠가 된다.

Case Study

. . . .

과거에 사로잡힌 나이젤^{Nigel} 이야기

나이젤은 아버지에 대한 기억을 떠올렸다. 그녀가 10대가 되자, 아버지는 그녀의 친구며 학교 공부, 옷차림에 대해 끊임없이 트집을 잡고 비난했다. 무슨 수를 써도 아버지를 기쁘게 해주기는 어렵다고 느낀 나이젤은, 이내 모든 노력을 포기했다. 슬프게도 부녀 관계는 점차 소원해졌고, 나이젤이 성인이 되었을 때 두 사람은 거의 남처럼 지내게 되었다.

나이젤은 아들과의 관계를 돌이켜보고, 자신 역시 아들을 비판적으로 대했다는 사실을 깨달았다. 나이젤은 아들의 옷 입는 방식과 머리 스타일을 비난했다. 이런 것들이 아들의 불량행동을 촉발하는 최초의 방아쇠 역할을 했다. 자신이 부정적인 패턴을 반복하고 있음을 깨닫는 순간, 나이젤은 소름이 끼쳤다. 자신이 아버지를 증오하듯, 자신의 아들도 자신을 미워하고 있을 것이란 생각이 들었기 때문이다.

　그녀는 아들과의 관계를 복원하고 둘 사이에 만들어진 괴롭히고 괴로움을 당하는 역학적 구조를 깨기 위해서는 자신의 행동 변화가 관건이라는 사실을 이해했다. 10대 시절의 정서적 경험을 불러냄으로써, 그녀는 부정적으로 반복되던 패턴에서 벗어나 아들과의 관계를 새로운 방향으로 이동시킬 수 있었다. 과거의 기억은 아들의 행동을 더 깊이 이해하는 열쇠가 되었고, 깊은 감정이입은 아들에 대한 비판을 연민으로 바꾸어주었다.

　정서적 공감이 결여된 채, 머리로만 이해하는 것은 충분한 결과를 만들지 못한다. 만약 아이가 당신을 괴롭힌다면 거기엔 이유가 있다. 당신이 자녀 나이였을 때를 떠올림으로써, 아이와의 공감대를 발달시킬 수 있고 아이를 난폭한 행동으로 내모는 내면의 갈등을 이해한다. 그리하여 더 큰 공감으로 무장한 당신은 최선의 선택을 할 수 있는 힘을 얻게 된다. 이 문제를 좀 더 깊이 파고 들어가 보자.

· 당신의 양육 방식 중 밝은 면과 어두운 면 ·

　이제 우리는 당신 부모님의 양육과 관련된 선택, 성향, 습관의 어두운 측면과 밝은 측면을 탐구하려 한다. 부모님이 보였던 행동의 밝은 면과 어두운 면이 어떤 식으로 당신에게 영향을 미쳤고, 현재 당신의 양육에 어떤 영향을 미치고 있는지를 세밀하게 밝혀낼 것이다. 각각의 기억은 '자녀가 당신에게 난폭하게 굴도록 내버려두는 이유'에 대한 단서를 내포하고 있다.

당신에게 어머니와 아버지가 다 계셨다면, 그중 한 분에 대한 기억을 먼저 떠올리고 이후에 다른 분에 대한 기억을 떠올리도록 하자. 명심할 것은 이런 작업이 실제 부모에 제한되는 것은 아니란 점이다. 당신의 삶에서 부모 역할을 했던 어떤 어른이라도 좋다. 그에 대한 기억이 떠오르면 자연스럽게 그 기억을 따라가자. 이모나 삼촌, 사촌 누이, 혹은 조부모일 수도 있다. 어린 시절의 당신을 돌봤거나 큰 영향을 미친 성인이라면 누구라도 좋다.

자, 이제 밝은 측면부터 시작해보자.

▶ 당신의 부모님이 가장 행복해 한 순간은 언제인가?
▶ 부모님의 가장 훌륭한 성품은 무엇인가?
▶ 당신이 부모님과 지내며 가장 기뻤던 때는 언제인가?

가능한 한 세세한 부분까지 기억해내도록 하라. 이제 당신 부모님의 어두운 측면을 떠올려보자.

▶ 부모님의 어두운 성품은 무엇인가?
▶ 부모님은 언제 가장 기분이 좋지 않았나?
▶ 이 부정적인 느낌을 따라서 떠오르는 기억은 무엇인가?

나는 자신의 부모가 자주 하던 말을 반복하지 않는 부모를 본 적이 없다. 우리는 모두 부모의 좋은 기질과 나쁜 기질을 내면화한다. 그건 자연스러운 과정이다. 부모가 되는 순간 내면에 잠들어 있던 부모에게 물려받은 기질이 깨어나는 것이다.

당신이 부모님으로부터 물려받은 밝고 어두운 기질에 대해 생각해 보고, 그런 기질들이 현재 당신이 하고 있는 자녀 양육에 어떤 영향을 주고 있는지를 숙고하자.

> ▶ 당신이 부모님으로부터 물려받은 밝은 기질은 무엇인가?
> ▶ 당신이 물려받은 어두운 기질은 무엇인가?
> ▶ 당신이 부모님으로부터 물려받은 기질 중, 계속 갖고 싶은 것은 무엇이고 버리고 싶은 것은 무엇인가?

나는 오랜 세월이 흘렀음에도 불구하고, 많은 부모들이 자기 부모의 말과 기분, 행동을 생생하게 기억해내는 것을 볼 때마다 깜짝깜짝 놀라곤 한다. 그렇게 기억한다는 것 자체가 어린 시절의 경험이 우리의 인생에 엄청난 영향을 미치고 있음을 보여주는 강력한 증거다.

이 작업을 하는 동안 오랫동안 잊고 있었던 세세한 기억들을 떠올리고 울음을 터뜨리는 부모들도 있고, 잊고 있었던 행복한 시절을 회상하며 감상에 젖는 부모들도 있다. 어쨌든 모든 부모들이 자신의 부모님들이 했던 행동이 현재의 자녀 양육에 굉장한 영향을 미치고 있음을 알아차리기 시작한다.

여기 한 아이의 아버지가 찾아낸 기억을 예로 들어보겠다.

밝은 기질들 "아버지는 유머 감각이 대단했어요. 아주 재미있는 분이셨죠. 집 안팎에서 술래잡기를 하면서 즐거운 시간을 보낸 기억이 많아요. 아빠와 나는 너무 요란스럽게 웃곤 해서, 어머니가 이웃에게 폐를 끼친다고 야단을 할 정도였어요. 이런 것들이 아버지에 대한 좋은 기억이에요. 기분이 좋으실 때의 아버지는 정말 소탈하고 다정한 분이셨어요."

어두운 기질들 "아버지는 성격이 불같으셨고, 특히 술에 취했을 땐 더했어요. 아버지는 때때로 남을 괴롭히는 비열한 사람으로 변하기도 했죠. 가끔은 결코 잊을 수 없는 말도 하셨는데, 그 비난하는 목소리가 여전히 내 머릿속을 맴돌고 있어요. 그런데 이제 내가 우리 아이들에게 그 말을 하곤 합니다. 그럴 때는 정말 내가 싫어요. 아버지가 내게 상처 주었던 방식을 내가 반복하고 있다고 생각하니 무서워요."

긍정적이든 부정적이든 부모의 목소리는 우리 마음속에 똬리를 틀고서 정체성의 일부가 되고, 끊임없이 우리에게 영향을 미치고 간섭한다. 부모의 태도, 칭찬, 비난, 불평은 우리들 내면에 살아 있다.

당신의 어린 시절로부터 반복되는 부정적 패턴의 고리를 끊기 위해서는 의식적인 선택이 요구된다. 당신의 자녀 양육 방식을 완전히 새로운 방향으로 바꾸려면 일관되고 꾸준한 노력이 필요하다. 세대를 이

어온 가족의 패턴을 근본적으로 바꾸는 일은 절대 쉽지 않다. 또 기다린다고 저절로 해결되지도 않는다.

나는 우울과 불안, 관계와 직업까지 온갖 문제에 시달리고 있으면서 자녀로부터 괴롭힘도 당하고 있는 부모들과 수백 차례의 면담을 한 바 있다. 그런데 그 면담에서 제일 많이 거론되는 주제가 무엇인지 아는가? 자기 부모와의 관계다. 면담이 진행됨에 따라, 그들은 자기 부모와의 사이에 있었던 어린 시절의 기억을 되살린다. 그 기억을 얘기하는 데 몇 년이 걸리는 경우도 있다.

부모는 무의식 속에 우뚝하게 자리 잡은 주요 인물이다. 우리가 부모가 되었을 때조차 큰 영향력을 발휘하는 것이다. 어린 시절의 경험들은 결코 소멸되지 않는다.

당신은 부모님의 선택을 반복하거나, 부모님의 방식에 맞서 싸우느라 일생을 보낼 생각인가? 그게 아니라면 새로운 길을 만들어야 한다.

· 핵심으로 향하는 한 걸음 ·

다음의 마지막 연습은 가능한 한 솔직해야 한다. 망설이지 말라. 용기를 갖고 아래 문장에 대한 답을 생각해보자.

▶ 부모로서 나의 밝은 기질은 무엇인가?
▶ 부모로서 나의 어두운 기질은 무엇인가?

▸ 내가 늘 후회하는 자녀 양육 상의 의사결정은 무엇인가?

▸ 가장 바꾸고 싶은 나의 개인적 행동은 무엇인가?

반복되는 패턴과 주제가 잡히는가? 당신의 양육 패턴에서 자신의 역사를 볼 수 있는가? 이제 당신이 계속 유지하고 싶어 하는 당신 부모님의 특징과 버리고 싶은 특징을 확인해보라.

Case Study

문제를 제대로 요리한 라이아나^{Liana} 이야기

라이아나는 어머니의 밝은 기질에 대해 회상하며 어리 시절의 향수에 젖어들었다. 그녀는 자신이 어머니와 함께 요리하는 것을 얼마나 좋아했는지를 기억해냈다. "어머니는 타고난 요리 솜씨를 가진 분이었어요. 주방에 있는 동안엔 정말 행복해 보였죠. 어머니와 나는 함께 요리의 세계로 모험을 떠났고, 새로운 요리법을 고안하곤 했어요. 그게 어린 시절 가장 좋았던 기억 중의 하나랍니다."

라이아나는 자신의 딸인 조^{Zoe}와의 관계를 돌이켜보고, 딸과 함께 즐기는 활동이 전혀 없다는 사실을 깨달았다. 단 한 번도 딸과 함께 요리해본 적이 없었던 것이다. 사실 모녀는 패스트푸드를 주문해 끼니를 때우는 습관에 빠져 있었다. 자신의 딸이 엄마에 대해 떠올리는 추억이라고는 배달 주문 전화일 거라 생각하니 미안함이 몰려왔다.

라이아나는 이런 이야기들을 기록해 남편에게 보여준 후, 마트에 가서 앞치마 두 개를 사왔다. 그날 밤, 라이아나는 딸에게 말했다. 일주일에 이틀은 엄마와 함께 요리하는 시간을 갖고, 또한 일주일에 한 번은 딸이 가족 전체를 위한 식사를 책임지게 될 거라는 얘기였다.

조는 엄마의 결정을 믿기지 않아 했다. "진심이에요? 요리하는 건 힘들잖아요. 주문하는 게 훨씬 쉬운데."

몇 주가 흐르자 조는 주방 일에 흥미를 느끼게 되었고 요령도 생겼다. 몇 달 후엔 친구들을 초대해 식사를 준비할 정도가 되었다. 라이아나는 기뻤다. "어머니가 돌아가신 후, 요리에 대한 나의 관심도 사라졌다고 생각했어요. 그런데 아니었나 봐요. 조가 자신의 첫 번째 요리를 만들고 나에게 맛을 봐 달라고 소리쳤을 때, 눈물이 날 것 같았어요. 어머니의 일부가 우리에게 돌아온 것 같았죠."

• 자녀에게 괴롭힘을 당할 가능성이 가장 많은 부모 •

나는 오랫동안 자녀에게 괴롭힘을 당하는 부모들의 이야기를 들어왔다. 그러다보니 그 이야기들의 공통점이 보이기 시작했다. 그들이 속한 문화와 지역은 제각각이었지만 자녀가 자신을 괴롭히도록 허용하는 부모들은 다음의 3가지 시나리오에 해당되는 경우가 많았다.

물론 이것은 대략적인 분류이다. 세상의 부모들 역시 제각각 독특하며 과거의 역사 또한 고유하기 때문이다. 단지 앞으로 더 나아가기 위한 생각거리로 이해하면 된다.

자녀에게 괴롭힘을 당하는 부모의 3가지 시나리오는 다음과 같다.

▶ 자신의 부모로부터 괴롭힘을 당한 경우

▶ 부모가 없거나 부모 역할에 소홀한 부모를 둔 경우

▶ 자기도취적인 부모를 둔 경우

이제 각각의 시나리오를 살펴보고, 당신에게 해당되는 것이 있는지 점검해보자.

자신의 부모로부터 괴롭힘을 당한 경우

자녀에게 괴롭힘을 당하는 부모들 중 많은 이들은 자신이 부모로부터 괴롭힘을 당한 사람들이다. 괴롭힘의 문화는 대를 물려 이어진다. 단지 역할이 바뀔 뿐이다.

부모로부터 난폭한 괴롭힘을 당했던 부모들은 자신들의 역사에 저항하기 위해 자녀들에게 과잉 보상을 할 가능성이 크다.

예를 들어, 매우 엄격한 부모 아래서 성장한 사람들은 자신의 자녀에게 지나치게 자유방임적인 태도를 갖는 경향이 있다. 참으로 기이하게도, 자신의 자녀들에게 본인이 누리지 못했던 자유를 허용함으로써 자신이 억압받았던 역사를 원상복구하는 작업을 한다.

이런 부모들은 청소년 시절에 다음과 같이 다짐한 경우가 많다. "나는 절대로 우리 부모가 했던 것처럼 내 아이들에게 하지 않을 거야." 자신이 겪었던 괴로움을 보상받기 위해 자신의 부모가 했던 것과 반대되는 방식으로 아이를 키우는 것이다.

괴롭힘을 당하는 부모가 갖고 있는 딜레마의 핵심에는 과거의 권위

주의적 양육에 대한 반발이 숨어 있는 경우가 많다. 예를 들어보자.

▸ 어린 시절 부모가 당신을 꼼짝 못하게 압도한 경우, 당신은 지나치게 유순하거나 자유방임적인 태도로 과잉 보상을 할 수 있다.
▸ 당신의 부모가 비판적 양육 태도를 가졌다면, 당신은 자녀들에게 부모가 아닌 친구처럼 되려고 애쓸 것이다.
▸ 당신의 부모가 무뚝뚝하고 무신경했다면, 당신은 자녀에게 지나친 관심을 기울여 아이를 숨 막히게 하고 아이의 삶에 과도하게 개입하려 들 것이다.

괴롭힘을 당하는 부모의 입장에서 보면 하등 잘못된 것이 없다. 그저 자신의 아이들이 자신보다 나은 어린 시절을 보내기를 바라는 것뿐이다. 그런데 자신의 역사에 기록된 고통을 지우려는 과도한 노력으로 인해, 자녀들은 사회적·정서적 발달에 필요한 리더십을 개발할 기회를 박탈당한다.

이런 부모들은 자녀를 자극하는 의사결정을 회피하려는 경향을 보인다. 놀랍게도 자신의 아이를 두려워하는 것이다. 어린 시절, 부모님을 두려워했던 것과 같은 패턴이다. 어린 시절에 겪은 트라우마가 깨어남에 따라, 그들은 어른답게 생각하기를 멈추고 아이처럼 생각하기 시작한다.

11살짜리 폭군 브래들리^{Bradly} 이야기

브래들리의 엄마 헤이즐^{Hazel}은 자신의 열한 살짜리 아들을 마치 폭군처럼 묘사했다. 브래들리는 엄마에게 고함을 지르고 욕을 해댔다. 싱글맘인 헤이즐은 아들의 공격적 행동에 압도당하는 느낌이었다.

그리고 어느 날 밤, 아들은 엄마에게 폭언을 퍼부었고 결국 엄마는 경찰을 부를 수밖에 없었다.

신고를 받은 경찰은 가정 폭력 사건이라고 판단했다. 경찰이 도착하자 헤이즐은 자신이 아들에게 언어폭력을 당했다고 설명했고, 경찰은 일단 아이와 만나 보겠다고 했다. 그런데 잠옷 바람으로 침실에서 나오는 브래들리를 본 경찰은 어이가 없었다.

이렇게 어린아이가 엄마를 위협했다고? 이 아줌마가 제 정신인 걸까?

헤이즐이 양육된 역사를 고려하면, 왜 그녀가 그토록 두려워했는지가 분명해진다. 아들의 폭력적인 말이 어린 시절 부모에게 당했던 언어적 학대의 트라우마를 일깨웠던 것이다. 부모로부터 학대를 당할 때 그녀를 도와줄 사람은 아무도 없었다. 어린 시절의 두려움이 되살아난 헤이즐은 과거에는 할 수 없었던 일을 했다. 경찰을 부른 것이다. 헤이즐의 행동은 지극히 자연스럽고 타당했다.

이렇게 부모로부터 괴롭힘을 당했던 부모들은 자신이 부모가 되었을 때 되살아나는 불안과 정서적 혼란 속에서 허우적거릴 수밖에 없다. 헤이즐이 새로운 양육 방식을 선택하려 한다면, 자신의 부모가 가한 학대가 현재 그녀의 양육 방식에 어떻게 영향을 미치고 있는지부터 이해해야 한다.

부모가 없거나 부모 역할에 소홀한 부모를 둔 경우

부모가 없이 자랐거나 부모 역할에 소홀했던 부모에게 양육된 사람은 자녀 양육에 특히 어려움을 겪는다. 그들에게는 내면화된 부모 모델이 없기 때문이다. 홀어머니나 홀아버지 밑에서 자란 사람들도 마찬가지다.

그들이 부모가 되었을 때 무엇을 해야 할지 모른다고 해도 놀라운 일이 아니다. 따르거나 반항할 부모의 롤 모델이 없는 사람들은 부모라는 새로운 역할에 압도당해 어찌할 줄 몰라 한다.

그들은 자포자기 상태에서 양육 상의 선택을 회피하고 결정을 미룬다. 그런 부모들은 부모가 마땅히 해야 할 의사결정을 아이들에게 떠넘기기도 한다.

아이들 입장에서는 부모로부터 주도권을 가져왔다는 생각에 좋아할지 모르겠지만, 어쨌거나 아이들은 자기 자신을 관리할 준비가 전혀 되어 있지 않다.

아이들은 자신의 하루를 체계적으로 구조화하고, 스스로 일정을 짜고, 미래를 계획할 능력이 부족하다. 신뢰할 만한 부모의 지도가 없다면, 아이들이 실수로 만신창이가 되고 난폭하게 남을 괴롭히는 아이가 되는 건 시간문제다.

자기 스스로를 양육하고 싶은 아이는 결코 없다.

아빠 역할을 배우지 못한 맥스^{Max} 이야기

"아빠가 되는 법을 내가 어떻게 알겠어요? 아빠가 있어 본 적이 없는데." 맥스의 말이다. 어머니와 이모에 의해 키워진 맥스는 아빠가 있다는 게 어떤 느낌인지 전혀 알지 못했다.

두 딸을 키우는 아빠인 맥스는 아주 간단한 양육 상의 결정도 제대로 못하고 허둥거렸다. 잘못된 결정을 하거나 아이들에게 상처를 줄까 두려웠던 그는 육아에 관련된 결정을 모두 아내에게 미뤘다. 결국 그의 아이들이 그에게 대답을 요구했다. 어쨌거나 맥스는 아이들의 아빠였으니까.

중2가 된 딸 토냐^{Tonya}가 아빠를 괴롭히는 불량행동을 하기 시작했을 때, 맥스의 상황은 더욱 악화되었다. 맥스는 어떻게 응대해야 할지 아무런 단서도 갖고 있지 못했다. "나는 시트콤에서 아빠의 역할을 배웠어요. 문제는 시트콤 속의 아빠들은 대본을 가졌지만 나는 가지지 못했다는 거예요. 더구나 시트콤에 나오는 아빠들에겐 토냐처럼 막말을 해대는 딸이 없잖아요."

여러 차례의 상담을 통해 자신을 돌이켜보고 책에 있는 여러 도구들을 적용하는 방법을 배운 맥스는 두려움을 극복했고 딸에게 필요한 리더십을 발휘했다.

그렇다면 맥스가 문제를 해결한 출발점은 언제였을까? 과거가 자신을 규정하도록 방치하는 일을 멈추겠다고 결심한 순간이었다. 맥스는 말했다. "과거를 끝내고 나의 새 이야기를 쓰기로 결심했죠. 내가 아이였을 때 '이런 아빠가 있었으면' 하고 바라던 그런 아빠가 되기로 결심했던 겁니다."

맥스는 자신감을 충전했고, 그 결과 토냐의 불량행동을 중지시킬 수 있었다. 물론 자신의 과거도 치유하면서 말이다.

자기도취적인 부모를 둔 경우

자기도취적인 부모들은 아무 문제가 없어 보인다. 그들은 학교 행사에 열심히 참석하고 아이들의 생일 파티에도 신경을 많이 쓴다. 멀찍이 떨어져서 보면 이상적인 부모인 것 같다. 그런데 어떤 이유로 그들이 자녀로부터 괴롭힘을 당하는 걸까?

가까이 다가가서 보면, 뻔히 보이는 곳에 문제가 숨어 있다. 그들은 남의 말을 듣지 않고 대화를 독점하는 사람들이다. 쉴 새 없이 자기를 어필할 뿐, 아이들의 개성을 존중하고 성장시키는 일에는 관심이 없다. 아이들을 자신의 축소판으로 만들기 위해서 열심이다. 아이 입장에서, 자기 부모로부터 인정받지 못하는 일보다 끔찍한 일은 없다.

아이들은 종종 부모의 자기도취self-absorption를 무너뜨리려는 노력의 하나로 불량행동을 한다. 하지만 자기도취 성향의 부모들은 자신만의 껍질 속에 싸여 있으므로, 자기 쪽으로 대화가 향하도록 조종하고 자신의 어린 시절에 집착한다. 자신의 과거 이야기를 끝없이 늘어놓거나 자신의 성취에 관한 지루하기 짝이 없는 이야기를 들으라고 강요한다.

문제는 그들이 현재의 순간을 살지 않는다는 것이다. 자기도취적 부모의 자녀들은 심각한 수준의 정서적 박탈감을 경험한다. 그리고 그것이 불량행동에 기름을 붓는다. 모든 아이들은 기본적으로 정서적인 3가지 욕구를 갖고 있다. 자신의 말이 부모에게 경청되고, 인정되고, 확인되기를 바라는 것이다. 자기도취에 빠진 부모는 이러한 아이의 욕구를 만족시킬 수 없다.

사춘기에 접어든 아이들이 자신의 독립된 생각과 정체성을 주장하게 되면, 자기도취적인 부모는 그런 행동을 배신으로 여길 공산이 크다. 당연히 갈등이 증폭된다.

가슴 아픈 일이지만, 자기도취적인 부모와 불량행동을 하는 아이는 서로 멀어지는 것으로 막을 내린다. 부모가 자신의 방식을 바꾸지 않는 한, 아이와의 관계는 회복될 가망이 없다.

Case Study

· ·

불량소년 키트^{Kit} 이야기

자기 부모를 괴롭히고 싶어 하는 아이는 없다. 부모를 괴롭히는 행동은 자신의 자존감에 치명적인 손상을 입히기 때문이다. 아이가 불량행동을 하면 할수록, 스스로에 대한 느낌은 악화된다. 아이는 부모가 제발 확고한 태도를 보여주길 바란다. 키트의 사례가 바로 그랬다.

고등학생인 키트는 학교에서 조용한 아이였다. 행동도 유순했고 말투도 부드러웠다. 하지만 집에서는 엄마에게 악의에 찬 난폭한 행동을 하는 망나니였다. 왜 키트는 집과 학교에서 마치 다른 사람처럼 행동하는 걸까?

모자를 함께 만난 자리에서, 키트의 엄마는 자신의 소소한 생활 이야기를 풀어놓았다. 사실 그녀는 집요하게 자신에 관해 이야기했던 것이다. 하나의 주제가 끝날 때마다 '이제 거기서 얘기를 끝내겠지'라고 생각했지만, 그때마다 그녀는 나의 기대를 배신하고 새로운 이야기를 시작했다.

엄마의 뒤쪽에 앉아 있던 키트는 질문을 하거나 설명을 덧붙이는 방식으로 여러 차례 엄마의 말을 끊으려고 애썼다. 키트가 그런 행동을 할 때마다 엄마는 이렇게 말하곤 했다. "키트, 내 얘기가 아직 안 끝났잖니?"

그녀의 이야기는 영원히 끝나지 않을 것 같았다. 나중엔 제대로 숨이라도 쉬면서 말하는지 궁금할 지경이었다. 상담 내내 키트는 인질 신세였다. 키트가 끼어들 때마다 엄마는 아이의 말을 무시했다.

몇 차례의 시도 끝에 아이의 얼굴이 굳어졌다. 엄마의 말이 계속될수록 아이의 얼굴과 목 부위가 붉어졌다. 그러다가 갑자기, 그것도 내 눈 앞에서, 키트가 자신의 엄마를 확 밀쳐 카우치 옆으로 쓰러뜨렸다. 내 사무실에서는 처음 보는 난폭한 행동이었다. 나는 화가 나서 큰 목소리로 키트에게 경고했다. "이게 무슨 행동이니? 어떤 경우에도 폭력을 써서는 안 되는 거야!"

그때까지 키트와 몇 차례나 상담을 했지만, 나는 아이가 화내는 모습을 한 번도 본 적이 없었다. 키트가 뭐라 대꾸하려는 순간, 아이의 엄마가 사과를 한답시고 우리 사이에 끼어들었다. "괜찮아요. 아이는 그럴 생각이 아니었을 거예요. 키트는 자신을 제어할 수 없답니다."

엄마의 말이 끝나자 키트가 흐느껴 울기 시작했다. 수치심에 고개를 떨구고 꽉 쥔 주먹으로 눈을 가린 채 말이다. 아이의 뺨을 타고 눈물이 흘러내렸다. 키트의 엄마가 아이의 팔을 만지며 말했다. "괜찮아, 그래서 우리가 도움을 받으러 여기까지 왔잖니?"

엄마가 다시 이야기를 시작하자, 아이는 얼굴을 가렸다. 아이에게 엄마의 길고 긴 이야기는 필요치 않았다. 그녀는 지금 문제가 있는 것은 키트일 뿐, 자신의 양육 방식엔 아무 문제가 없다고 말하고 있는 중이었다.

• 당신은 탈진한Burned Out 부모인가? •

여기서 더 나아가기 전에, 괴롭힘을 당하는 많은 부모들이 왜 부모 탈진 증후군에 시달리는지에 대해 몇 마디 하고 넘어가야겠다.

이 책은 당신의 양육 방식에 이의를 제기하고, 새로운 길을 시작할 에너지를 제공하겠다는 목적을 갖고 있다. 책의 궁극적 목표는 당신의 가정 내에서 괴롭힘과 불량행동을 끝내는 것이다. 하지만 그 목표에 도달하기 전에, 나는 당신 자신의 건강에 유의하라고 말하고 싶다. 아이의 불량행동에 맞서기 위해서는 많은 에너지와 체력이 필요한데, 탈진한 상태에서는 시도조차 할 수 없기 때문이다.

"아이를 키우면서 쉴 틈이 있다고요?"

이런 자조 섞인 질문은 타당하다. 불량행동을 하는 아이들은 골칫거리와 위기를 만드는 데 천재들이다. 지나친 요구를 하고, 힘으로 밀어붙이고, 공격적이다. 나이가 들어갈수록 그런 경향은 더 강해진다. 불행히도 그런 아이들을 달래는 일에 많은 시간을 할애할수록 당신의 건강을 돌볼 시간이 줄어든다. 결과적으로 아이가 당신을 괴롭힐 가능성은 점점 커지는 것이다.

자신에게 소홀한 상태가 만성적으로 지속되면, 삶의 모든 부분에서 부정적인 영향이 온다. 관계, 경력, 우정에 타격을 받게 되고 아이가 당신을 괴롭히는 데 힘을 실어주게 된다. 지금 당신이 아이의 불량행동을 중단시키지 못할 정도로 지쳐 있다면, 본의 아니게 괴롭힘을 부추기고 있다는 의미다.

당신이 자신의 욕구를 존중하지 않는데, 아이가 당신의 욕구를 존중할 이유는 없다. 아이와의 관계를 주도할 사람은 당신이다.

당신이 늘 피곤하다면 희생자로 전락할 가능성이 크다. 기력이 소진된 부모를 둔 아이들, 즉 행복하지 않은 부모 아래서 성장하는 아이들은 늘 부담을 느낀다. 부모가 신세 한탄을 하거나 자녀 양육의 어려움을 토로하면 아이는 방어적인 태도를 취한다. 결국 무시당하거나 소홀히 대접받고 있다는 느낌을 해결할 사람은 당신 자신뿐이다. 탈진한 부모는 감정, 지성, 창조성이 고갈되는 상황을 스스로 만든다는 것을 명심하자.

그런 부모들과 아주 잠깐이라도 이야기를 나눠보면, 그들이 얼마나 황폐한지 실감할 수 있다. 그들은 대화 도중에 멍해지고 최면에 빠진 것처럼 물끄러미 사람을 쳐다보거나 틀에 박힌 듯 똑같은 행동을 반복한다. 아이의 괴롭힘에 대응할 에너지가 없다는 사실이 전혀 이상하지 않다.

대부분의 탈진한 부모들은 자신이 그런 상태에 있다는 것조차 모른다. 어쩌면 그것이 가장 큰 문제일지 모르겠다. 그러니 다음의 문항을 점검해보자. '그렇다'는 답이 4개 이상이면, 당신에게도 부모 탈진 증후군이 시작되고 있을 확률이 높다.

부모의 탈진 상태를 점검하는 질문

☑ 농담이나 유머를 구사하는 일이 줄고 있는가?

☑ 인간관계에서 낭만이 사라졌는가?

☑ 친구들과 어울리는 일을 중단한 적이 있는가?

☑ 늘 기진맥진 지쳤다고 느끼는가?

☑ 베이비시터에게 지불하는 비용이 아까운가?

☑ 자신을 특별 대우할 때 죄책감을 느끼는가?

☑ 자녀 양육에서 벗어나 하루쯤 쉰 게 언제인지 기억나지 않는가?

☑ 모든 대화가 결국에는 자녀란 주제로 돌아오는가?

☑ 운동이나 헬스를 중단한 적이 있는가?

☑ 생활 속에서 불평하는 것이 버릇이 되었는가?

· 부모 탈진 증후군의 치료법 ·

자녀와의 관계를 변화시키려면 자신과의 관계를 먼저 변화시켜야 한다. 아이의 불량행동을 중지시키는 일의 첫걸음은 지금보다 자신을 더 소중히 생각하는 것이다.

당신의 생활을 정상 궤도로 돌리기 위해 특별한 테라피나 유럽 여행, 혹은 헬스클럽 회원권 같은 것에 돈을 낭비할 필요는 없다. 나는 2장에서 자녀를 위한 5가지 항목의 체크리스트를 제공한 바 있다. 이제 부모를 위한 체크리스트를 제안한다.

부모의 탈진을 예방하는 체크리스트

☑ '나를 위한 시간me time'을 가져라.

☑ 빨리 움직여라.

☑ 창의적으로 살아라.

☑ 도심을 벗어나라.

1. '나를 위한 시간'을 가져라

▶ 조용한 호텔방이 천국처럼 느껴지는가?

▶ 혼자 드라이브를 즐기고 싶은가?

▶ 누군가가 시중들어준다는 생각에 가슴이 뛰는가?

불량행동을 하는 아이가 있으면, 당신 자신을 위한 시간을 따로 내는 것이 어렵다. 특히 자신을 방치하는 게 습관이 된 사람에겐 더욱 그렇다.

자녀 양육이 '세상에서 가장 오래 지속되는 자기-희생'이 되어서는 안 된다. 탈진한 부모는 아이에게 '삶이란 고통스러운 책임의 연속'이라는 사실을 가르치고 있는 중이다. 부모의 탈진은 자녀의 마음까지 무겁게 짓누르게 된다. 어떤 아이도 기진맥진해 있는 부모를 존중하지 않는다. 그렇기 때문에 아이는 거리낌없이 부모에게 불량행동을 한다.

아이들은 부모가 열정을 보여주길 원하고, 열정에 넘치는 부모를 자랑스러워한다. 부모가 행복하고 성공적인 삶을 누린다면 자신들도 똑같이 될 수 있다고 생각하는 것이다. 이런 방식으로 아이들의 롤 모델이 되는 것은 부모가 반드시 해야 할 의무다.

만약 당신이 탈진한 부모 클럽의 멤버라면, 클럽에서 탈퇴하기 위해 가장 먼저 할 일은 자신만의 시간을 만드는 것이다. 일기를 쓰고 좋아하는 책을 다시 읽고, 좋아하는 취미활동을 시작할 수도 있다. 뭐가 됐든 당신의 마음을 차분하고 평화롭게 하는 데 약간의 시간을 할애하면 된다.

시간이 없다고 지레 포기하지 말고 일부러라도 시간을 만들어야 한다. 자신을 잘 챙기는 일은 아이와의 관계를 개선하고 아이의 불량행동을 없애는 최선의 조치이므로.

2. 빨리 움직여라

▶ 당신은 언제나 기진맥진한 느낌인가?

▶ 아침에 알람 버튼이 울리면 끄고 다시 잠드는 일을 반복하는가?

▶ 일과 중 걸핏하면 졸음이 쏟아지는가?

탈진 증후군을 앓는 부모들은 에너지와 의욕이 없다고 말한다. 내가 운동이나 몸 가꾸기를 권하면 그들은 나를 멍하니 바라보거나 이렇게 반박한다. "난 이미 지칠 대로 지쳤어요. 지금 할 일도 산더미인데 거기다 운동까지 하라고요?"

Case Study

. . . .

복싱을 시작한 앨리스Alice 이야기

앨리스는 의기소침해질 이유란 이유는 다 갖고 있었다. 남편은 어린 여자와 눈이 맞아 가정을 버렸고, 앨리스 혼자 10대인 두 딸 크리스티나Christina와 스테이시Stacy을 키워야 하는 처지였다. 결국 앨리스는 심한 우울감에 빠져들었다. 그리고 더 안타까운 일은 그녀가 먹는 일로 상처를 달랬다는 사실이다. 6개월 동안 20킬로그램 넘게 살이 찐 후에야 앨리스는 자신의 몸매가 완전히 망가졌음을 깨닫게 되었다. 게다가 앨리스는 건망증이 심해졌고 직장에도 툭하면 지각했다. 주말에는 침대에서 텔레비전을 보며 정크 푸드를 먹는 것으로 시간을 보냈다.

두 딸은 패배의식에 젖은 엄마를 보는 것이 너무나 싫었다. 크리스티나와 스테이시는 엄마가 스스로를 포기했다고 생각했다. 처음에 아이들은 엄마를 부담스럽게 여기다가 결국엔 증오하게 되었다. 두 딸은 엄마를 괴롭히기 시작했다. 엄마의 몸매를 타박했고, 꽉 조이는 옷과 터질 것 같은 구두를 웃음거리로 삼았다.

"그러다 플러스-사이즈 옷 모델이 될 수도 있겠는데?"

"아빠가 엄마를 왜 떠났는지 알겠어."

내심 앨리스는 딸들의 말이 맞다고까지 생각했다. 뭔가 전환점이 필요하다는 것은 알고 있지만 운동은 정말 하기 싫었다. 매번 트레이너와 약속을 잡았지만 헬스센터 문 앞까지 갔다가 집으로 되돌아와서 침대 속으로 기어 들어가곤 했다.

그러다가 앨리스는 주치의로부터 따끔한 경고를 받았다. 그녀는 친구에게 전화해서 주말에 조깅을 하자고 약속했다. 첫날은 지옥 그 자체였다. 친구가 수다를 떨며 달리는 동안, 앨리스는 가쁜 숨을 몰아쉬어야 했다. 그날 앨리스는 심한 굴욕감을 느꼈다.

하지만 앨리스는 포기하지 않았다. 주 1회에서 주 2회, 3회로 횟수를 늘렸다. 달릴 때마다 조금씩 수월해졌다. 그러다가 뭔가가 운명처럼 앨리스의 눈길을 끌었다.

앨리스와 친구가 선택한 조깅 코스 중에는 복싱 체육관이 있었다. 체육관의 창문을 통해 샌드백을 치고 줄넘기를 하고 스파링을 하는 사람들의 모습이 보였다. "저거 재미있을 것 같네!" 앨리스는 체육관에 전화를 걸어 당장 회원으로 등록했다.

첫 복싱 수업을 받기 위해 체육관으로 차를 모는 동안, 운전대를 잡은 앨리스의 손은 흥분으로 떨렸다. "내가 복싱을 끝까지 배울 수 있을까? 도저히 안될 것 같은데 어쩌지? 차를 돌려 집으로 갈까? 아, 그러면 사람들은 나를 어떻게 생각할까?" 앨리스는 오만 가지 생각을 하며 차를 몰았다.

체육관 밖에 차를 주차시킬 때까지 앨리스는 자신의 나약한 생각과 싸워야 했다. 앨리스는 깊은 숨을 들이켰다. 새롭게 생각하는 방식이 그녀의 내면에 뿌리를 내리는 중이었다. 그녀는 도전을 회피하고 '다른 사람들이 어떻게 생각할까'를 걱정하는 일에 신물이 났다.

첫 펀치를 날린 순간, 앨리스는 복싱에 완전히 매료되었다. 복싱의 모든 점이 마음에 들었다. 손을 싸매고 글러브를 묶는 방식이 좋았고, 심지어 체육관에서 나는 땀 냄새까지도 좋게 느껴졌다. 그리고 샌드백을 두들기자, 기분은 하늘을 찔렀다!

앨리스는 땀에 흠뻑 젖은 상태로 복싱 강습을 마치고 집으로 돌아왔다. 그녀는 목욕탕 거울 앞에서 그날 배운 스텝을 연습하면서, 두 딸에게 허풍도 떨었다. 복싱 체육관의 트레이너가 자신에게 재능이 있다고 했다고 말이다.

당연한 일이지만 딸들은 엄마의 말을 믿지 않았다. "마흔 살 먹은 아줌마가 복싱을 한다고? 엄마가 지금 제 정신이야?" 앨리스는 딸의 말에 어깨를 으쓱하는 걸로 대답을 대신했다. 기분이 너무 좋아서 누가 무슨 말을 해도 신경이 쓰이지 않았다.

그렇게 몇 주가 지난 후, 앨리스는 체육관의 트레이너에게 링 위에서 실제 상대와 대결하고 싶다고 말했다. 두 딸이 경기를 보러 체육관에 가도 되냐고 물었을 때, 앨리스는 전율을 느꼈지만 짐짓 무심한 척 대답했다. "그럼. 왜 안되겠어?"

그리고 몇 주 동안 앨리스는 화제의 중심으로 떠올랐다. 딸들은 주변에 엄마를 자랑했고, 엄마의 시합을 보기 위해 친구들을 데려왔다. 앨리스는 순식간에 굉장한 사람이 되었다. 최근 몇 년 동안 이보다 더 좋은 적은 없었다. 이제 앨리스는 계시를 받듯 중요한 사실을 깨달았다. 결혼생활 내내 자신이 얼마나 불행했는지를 알게 된 것이다. 그녀는 오랜 세월 안개 속을 헤매듯 살았다.

그녀의 인생에서 남편은 억압하는 존재였다. 남편은 늘 비판적이고 부정적이었으며, 항상 앨리스를 깎아내렸다. 딸아이들이 엄마를 우습게 알고 불량 행동으로 괴롭히는 것도 어쩌면 당연한 일이었다. 딸들은 아빠가 이끄는 대로 따랐을 뿐이다.

하지만 앨리스가 자신을 챙기기 시작하자 모든 것이 변했다.

당장 크리스티나와 스테이시는 엄마를 괴롭히는 일에 흥미를 잃었다. 아주 드문 경우지만, 딸들이 자신을 괴롭히면 앨리스는 이렇게 대응했다. "너희들 링에 올라가서 나랑 한 판 뛸래? 거기서 이기는 사람 의견대로 하자고!"

당연히 딸들은 그럴 생각이 없었다. 더 중요한 건 그럴 필요도 느끼지 않았다는 사실이다. 복싱은 앨리스의 탈진 증상을 치료했을 뿐 아니라 딸들의 불량행동을 한 번에, 그리고 영원히 끝내버린 KO 펀치 역할을 했다.

아이들에게만 긴장의 배출구가 필요한 것이 아니다. 부모도 마찬가지다. 걷기, 달리기, 수영, 탭댄스 등등, 당신의 취향에 맞는 것이면 무엇이든 좋다. 30분의 유산소 운동을 주 3회만 하면 우울과 불안 증상이 극적으로 완화된다는 사실만 기억하면 된다. 당신은 더 많은 에너지를 갖게 되고 식욕은 줄어들 것이다.

매주 일정한 시간에 운동하는 데 어려움을 느낀다면, 운동 강습에 등록하고 체육관에 같이 다닐 친구를 찾아보라. 아니면 앨리스처럼 친구와 함께 조깅을 하든지.

3. 창의적으로 살아라

▶ 아이에게 새 도시락 통을 사줄 때 당신의 생각을 창의적으로 적용하는가?

▶ 전화 요금 고지서에 낙서하는 것을 예술 활동이라 생각하는가?

▶ 아이가 당신에게 "그건 따분해요"라고 말할 때, 그 말이 옳은 게 아닌지 의심이 드는가?

자녀 양육은 지루하고 반복적인 일이다. 식사를 준비하고, 아이의 숙제를 도와주고, 아이를 차에 태워 축구나 피아노 강습에 데려다주고, 수업이 끝난 아이를 차로 데려오고, 아이와 함께 쇼핑몰에 가는 것이 모두 당신의 일이다. 만약 당신의 일이 택시 기사나 식당의 웨이트리스처럼 느껴진다면, 혹은 매일 아침을 지겨운 느낌으로 맞는다면, 당신 자신의 생활에 좀 더 창의적인 에너지를 공급해야 한다.

창의성은 스트레스를 자연스럽게 날려주는 약이다. 창의성은 불안을 진정시키고, 예술성을 깨어나게 하고, 당신의 생활에 역동성을 가져온다.

또한 당신의 사기를 높여주고, 매일 지속되는 자녀 양육의 세계에서 벗어나 당신에게 절실하게 필요했던 휴식을 제공한다. 또한 창의성을 통해 당신은 집안에서 안절부절 못하고 난폭한 행동을 하는 아이를 길들이는 데 필요한 에너지를 충전한다.

창의성 넘치는 자아를 각성할 때 얼마나 기분이 좋아지고 얼마나 많은 에너지를 얻게 되는지 알게 되면 스스로도 놀랄 것이다.

탈진한 부모들의 조찬 클럽 대학원 졸업 후, 내 첫 직장에서의 업무는 뉴욕시 브루클린 지역에 있는 초등학교의 상담 프로그램을 편성하는 일이었다. 그런데 매일 아침 내가 목격한 것은 탈진한 부모들이 자기 아이들을 학교 앞에 내려놓고 휘청거리며 돌아가는 긴 행렬이었다. 아이들이 학교생활을 잘하도록 돕는 것이 나의 일이었으므로, 먼저 그들의 부모를 돕는 것이 최선이라고 생각을 정리했다.

나는 학생들의 부모에게 편지, 전화, 이메일을 보냈지만 회답하는 부모는 거의 없었다. 나는 전술을 바꾸기로 결정했다. 학교 곳곳에 다음과 같은 팻말을 붙인 것이다.

'부모를 위한 무료 아침식사 제공!'

신선한 커피 향과 갓 구운 빵 냄새로 아이들을 학교 앞에 내려놓는 부모들을 유혹하기로 계획한 것이다(나는 커피 냄새를 정문 쪽으로 보내기 위해 커피 메이커 뒤에 송풍기를 설치하기까지 했다).

한 사람 한 사람, 내 사무실을 찾는 부모들이 늘어났다. 시간이 흐르자 공짜 아침식사를 찾는 좀비들 같던 그들 중 10명이 나의 워크숍에 참석하겠다고 약속했다. 나는 육아나 심리학에 대한 강의보다는 약간의 창의성을 발휘해 좀 더 재미있는 것을 계획했다.

첫 시간, 나는 부모들에게 미술용품이 담긴 양동이를 하나씩 주었다. 포스터 판과 판지도 마음대로 쓰게 했다. 부모들에게 부여된 과제는 무엇이든 원하는 것을 만들어보라는 것이었다.

부모들은 미술 재료들을 만지작거리더니 곁눈질로 나를 살펴보았다. 탈진한 부모에게는 창의성을 발휘하는 것이 아주 먼 나라 얘기였다. 그들은 말 그대로 아무 생각이 없었다.

부모들은 커피를 홀짝거리고 도넛을 먹으면서, 매우 소심한 몸짓으로 미술 도구를 사용하기 시작했다. 스케치를 하고 그림을 그리고 물감을 칠했다. 일단 시작하자 부모들은 멈출 줄을 몰랐다. 깊은 명상에라도 든 것처럼 조용히 작업하는 사람도 있고, 웃고 얘기 나누며 즐기는 사람도 있었다.

워크숍은 90분간 진행하기로 되어 있었지만, 대부분의 참석자가 한두 시간씩 작업을 계속했다. 저들은 왜 그렇게 오랜 시간 작업을 하는 걸까?

그때 불현듯 한 가지 생각이 떠올랐다. 그들은 창조적 작업에 굶주려 있었던 것이다! 부모가 된 이후로 그들은 창조의 시간을 가진 적이 없었다. 창조적인 일을 하는 시간은 너무나 행복하고 기운을 샘솟게 하는 것이어서 부모들은 자신을 억제할 수 없었던 것이다. 이 작업을 통해 그들은 부모가 되기 전의 시절로 돌아가는 경험을 했다.

얼마 안 있어, 아이들이 자신의 부모가 만든 작품을 보기 위해 내 사무실에 찾아왔다. 여기서 나는 또 하나의 교훈을 얻었다. 아이들은 부모가 창조적 작업을 하는 것을 매우 좋아한다는 것이다.

"아빠가 이렇게 멋진 그림을 그렸다니 안 믿어져."

"난 엄마가 스케치를 할 줄 안다는 걸 몰랐어."

워크숍이 끝난 후, 많은 부모들이 자신의 예술 작품을 집으로 가져가 작업을 계속했다. 부모들이 이 작업을 계속한 이유는 단순했다. 기분이 좋았기 때문이다.

자기 자신을 소중한 존재로 여기게 되면, 더 훌륭한 부모가 될 수 있다. 자신의 창조적인 면을 재발견하는 일은 부모들의 탈진 증상을 치료하는 데 도움이 되었을 뿐 아니라, 아이들과의 관계에 긍정적 에너지를 불어넣었다.

그러니 우리가 오랫동안 밀쳐놓았던 그림 도구, 카메라, 바느질 상자, 공구함을 꺼낼 시간이다. 차고에서 뭔가를 만들고 정원에 뭔가를 심도록 하자. 이런 일들은 당신의 가족을 먹이고 입히는 일만큼이나 자녀 양육을 위해 중요하다.

자, 당신은 무엇을 창조하고 싶은가?

4. 도심을 벗어나라

▶ 당신은 매일 반복되는 일상을 몽유병자처럼 살고 있는가?

▶ 슈퍼마켓의 열대과일 코너를 둘러보는 것으로 해외여행을 대신하는가?

▶ 여행 잡지가 판타지 소설처럼 보이는가?

괴롭힘을 당하는 부모들은 현관 문 너머, 자녀 양육 부담이 없는 세상에서 보낼 시간이 충분치 않다. 더 나쁜 것은, 그들이 자녀를 위해 희생하면 할수록 아이들은 부모의 희생을 당연한 것으로 여긴다는 사실이다.

여행, 친구 만나기, 영화 보기, 외출하기를 중단할 때 당신은 탈진을 향해 나아가기 시작한다. 아이들에게 부모의 간섭을 벗어난 휴식이 필요하듯, 당신에게도 아이들에게서 벗어난 시간이 필요하다.

배우자와 단 둘이 보내는 시간을 마련하거나 친구 혹은 새로운 활동을 위한 공간을 만드는 일은 소진된 영혼에 자양분을 공급한다. 이렇게 하는 것이야말로 당신의 생명력을 회복시켜 아이의 불량행동에 맞설 수 있는 최선의 방법이다.

다시 말해 양육 부담이 없는 양질의 시간을 확보해야 한다. 고립을 깨고 싶을 때는 언제든 전화기를 들고 옛 친구와 통화하고, 알고 지내던 사람들과 다시 연락을 취하자. 현관문을 열고 나와 사교를 즐겨라. 연주회에도 가고, 미술관도 방문하고, 하이킹도 하라. 그렇다, 도심을 떠나라! 뭔가 새로운 것을 시도하기 위한 노력들은 결국 당신의 자녀 양육에 신선한 에너지를 채워줄 것이다.

Case Study

. . . .

탈진한 부부, 엘레나Elena와 존John 이야기

부부가 내 사무실로 걸어 들어왔을 때, 나는 그들이 기진맥진해 있음을 느낄 수 있었다. 아이가 생기기 전까지 두 사람은 희망과 꿈으로 충만했었다. 셋째 아들이 태어나자, 그들은 하루하루 절망 속에 몸부림치는 처지가 되고 말았다.

존은 화를 내는 일이 잦아졌고 소름끼칠 정도로 자신의 아버지가 했던 것과 똑같은 말을 하게 되었다. 엘레나는 우울감과 절망감에 힘들어했다. 존과 엘레나의 에너지가 낮은 상태로 떨어지자, 그에 반응해서 아이들은 무례한 말대꾸와 사람 많은 곳에서 고래고래 소리를 질러 대는 등의 행동으로 두 사람을 괴롭히기 시작했다. 부부는 아이들의 행동이 당혹스러웠지만 너무 지쳐서 아무것도 할 수 없었다.

내가 자녀 양육에서 벗어나 둘만의 시간을 가져 보라고 권하자, 그들은 코웃음을 쳤다. 그들은 지금 베이비시터를 한두 시간 고용할 돈도 없다는 것이었다. 두 사람은 나의 제안을 단칼에 거절했다. 탈진 증상을 보이는 다른 부모들과 마찬가지로 그들은 자신의 미래를 암울하게 보고 있었다.

나는 조정안을 만들었다. 아이들이 학교에 가 있을 동안 조금이라도 시간을 낼 수 있지 않을까? 존이 업무 일정을 조정해 하루나 이틀 쯤 오전 근무를 쉬는 것은 어떨까? 하루쯤 점심시간을 길게 가질 수도 있을 테고, 안 될까?

"글쎄요, 억지로 하려면 할 수는 있겠죠, 그런데 그게 정말 휴가일까요?"

그렇게 시간을 내는 것이 휴가는 아니지만 그게 시작인 것만은 분명했다.

엘레나와 존은 함께 조용한 아침식사를 하기 시작했다. 그렇게 하는 중에 두 사람은 잊고 있었던 뭔가를 찾아냈다. 두 사람은 예전에 서로의 회사를 방문하는 것을 좋아했다고 한다. 다시 그 일을 시작함으로써 마치 데이트를 하는 것 같은 설렘도 갖게 되었다.

두 사람은 아침 요가 강습에도 참가했다. 아이들을 학교에 데려다준 후, 둘이서 미술관에 가거나 테니스를 치기도 했다. 그 후에 존은 조깅을 하면서 회사에 출근했다. 엘레나는 오랫동안 밀쳐놓았던 소설을 다시 쓰기 시작했다.

생활 속에서 즐거움과 창조적인 시간을 갖게 되자, 그들의 결혼생활은 다시 젊어졌고 자녀 양육에 쓸 수 있는 에너지도 복구되었다. 두 사람 사이의 성생활까지도 개선되었다. 가장 중요한 것은 아이들의 불량행동을 끝내고, 아이들에게 새로운 구조, 제한, 경계선을 부과할 에너지를 갖게 되었다는 사실이다.

당신이 쇠약하고 기진맥진해 있는 상태에서는 결코 아이의 불량행동을 제지할 수 없다. 자녀 양육으로 인해 탈진한 당신을 치료하면 아이의 불량행동도 치료된다. 자신을 잘 돌보는 것이 자녀를 잘 돌보는 것이다.

이어지는 장에서 우리는 자녀들의 불량행동 유형을 확인하고, 문제해결을 위해 당신이 취할 수 있는 즉각적인 조치들을 검토할 것이다.

4장

아이의 불량행동 유형
이해하기

이쯤 해서 앞에서 나눴던 이야기들의 요점을 재빨리 정리해보자.

1장에서 우리는 불량행동으로 부모를 괴롭히는 아이를 2단계로 분리해 탐구했고, 괴롭힘을 주고받는 어색한 상황에서 부모와 자녀가 어떤 식으로 얽혀 돌아가는지를 이해하게 됐다. 2장에서는 아동 발달에 관한 기본 지침을 정리했고 아이의 괴롭힘 행동을 해결하기 위해 부모가 취할 수 있는 즉각적인 조치와 장기적인 전략에 대해 생각해봤다. 3장에서는 자녀 양육 방식에 있어서의 밝은 면과 어두운 면을 살펴보고 부모의 탈진 증후군을 예방하는 몇 가지 전략을 제시했다.

이번 장에서 우리는 아이들이 사용하는 다양한 불량행동 유형을 살펴볼 예정이다. 아이들은 저마다 고유한 성정과 기질을 갖고 있지만,

자기 부모를 괴롭히는 아이들이 한결같이 공유하고 있는 특질이 있다.

명쾌한 이해를 위해 나는 이 공통 특질을 3가지의 불량행동 유형으로 정리했다. 즉 반항형, 불안형, 조작형이다.

물론 이런 분류는 틈이 있기 마련이다. 아이들의 성격은 너무 복잡해서 몇 개 안 되는 범주에 깔끔하게 맞아 떨어지지 않기 때문이다. 지금부터 제시하는 불량행동 유형은 일종의 프레임 역할을 할 것이다. 불량행동 유형에 대한 이해는 아이의 내면을 더 깊이 알게 해주고, 새로운 관계 설정을 위한 준비에도 큰 도움이 된다.

아이의 행동이 어떤 유형에 딱 맞아 떨어질 수도 있지만, 2가지 유형에 걸쳐 있을 수도 있다. 각 유형의 앞머리에 제시된 항목들을 숙고하면서 아이의 유형이 무엇인지 자문해보기 바란다.

이러한 과정을 거치는 동안, 거칠고 과격한 행동을 일삼는 아이들이 사실은 불안과 두려움에 시달리고 있다는 사실을 깨닫게 될 것이다. 불량행동은 내면의 동요가 표현되는 하나의 방식일 뿐이다. 아이의 불량행동을 촉발하는 방아쇠를 이해함으로써, 아이가 갖고 있는 두려움의 본질을 꿰뚫어보고 불량행동을 부채질하는 힘도 알게 될 것이다.

· 반항형 불량행동 ·

3가지 유형 중 가장 고약한 유형부터 시작해보자. 반항형 불량행동이 그것이다.

반항형 불량행동 진단하기

☑ 아이가 집요한 요구와 위협으로 당신을 난처한 지경으로 모는가?

☑ 당신은 아이가 화내는 것이 두려운가?

☑ 당신은 아이의 감정이 폭발하는 것이 두려운가?

☑ 아이가 늘 당신에게 대드는가?

☑ 아이가 당신을 협박하는가?

☑ 'no'라고 말해서 아이의 분노를 촉발할 것이 두려운가?

☑ 당신은 아이로부터 모멸감을 느낀 적이 있는가?

☑ 아이는 자신의 요구가 관철될 때까지 당신을 고문하는가?

☑ 아이가 자신의 문제가 당신 탓이라고 비난하는가?

☑ 아이가 당신을 조종하고 있다고 느끼는가?

다른 사람을 끝없이 괴롭히는 가장 난처한 유형이다. 이 유형의 아이들은 시건방지고 불손하며 지나치게 반항적이다. 당신이 "오른쪽으로 가"라고 하면 그 아이들은 왼쪽으로 간다. "조용히 앉아 있어"라고 하면 곧바로 뛰기 시작한다.

충동적이고 참을성이 없는 이 유형의 아이들은 자기 멋대로 살고 싶어 한다. 자신들의 행동을 관리하려는 부모의 모든 시도를 거부한다. 만약 당신이 '한 부모'라면 더욱 위협적인 상황이 벌어진다. 한 부모는 거의 두 배의 반항에 직면할 가능성이 높다!

독선적인 기질에 잘못된 자신감을 장착한 반항형 아이들은 말싸움을 좋아하고 어떻게든 매번 이기려고 기를 쓴다. 인간에 대한 기본 예의보다 자신이 옳다는 것을 증명하는 일이 중요하다. 사람들과 잘 지내야 한다는 생각 같은 것은 아예 없다.

만약 당신이 반항형 불량행동을 하는 아이에게 맞서려고 하면, 그 아이들은 당신이 항복할 때까지 질리도록 괴롭힐 것이다. 자신의 주장을 관철하겠다는 생각에 사로잡혀, 당신을 이기기 위해 무슨 짓이라도 서슴지 않는다.

반항형 불량행동에 대한 좋은 소식과 나쁜 소식

반항적 기질이 꼭 문제가 되는 것은 아니다. 많은 예술가, 발명가, 디자이너, 독창적 사상가들은 기본적으로 건강한 반항 정신을 갖고 있다. 기존의 관행이나 전통에 맞서는 힘이 새로운 세상을 개척하게 만들기 때문이다. 그들은 반항심을 이용해 영감과 비전을 창조한다.

즉, 반항이 창조적인 방향을 취하면 진보가 이루어진다. 반항적인 아이들은 엄청난 양의 제어되지 않고 분산된 에너지를 갖고 있다. 우리는 그런 에너지가 긍정적 출구를 찾아 흐르도록 도와야 한다.

건강한 아이들은 건강한 반항심을 갖고 있다. 지나치게 유순하고 협조적인 아이들은 존재감이 없고 다른 사람들에게 뚜렷한 인상을 주지 못한다. 당신은 아이가 항상 당신의 뜻에 따르기를 원치 않을 것이다. 아이가 자신만의 의견과 견해를 가지길 바라는 것이 부모의 마음이다.

반항형 불량행동을 하는 아이들에게 어떻게든 양방향의 관계 같은 것을 알려주기 위해서는 많은 노력이 필요하다. 특히 반항적 행동 패턴이 자리 잡은 지 오래 되었을수록 되돌리기 어렵다. 예전의 패턴을 버리고 새로운 습관을 갖기 위해서는 많은 에너지와 헌신이 필요한 것이다.

반항형 불량행동을 유발하는 힘

반항이란 허세의 밑바닥에는 인정받지 못하고 평가절하 되었다는 느낌이 존재한다. 아이는 자신이 잊히거나 무시당할지 모른다는 두려움과 함께 살아간다. 이런 아이들은 긍정적이든 부정적이든 자신에 대한 관심을 갈구한다.

당신은 반항형 아이들이 자신을 얼마나 취약하게 느끼는지 짐작도 못할 것이다. 그들은 자신의 불안감을 감추는 데 선수이기 때문이다. 예를 들어보자. 당신이 보기에는 아이들의 헤어스타일이 부스스할 뿐이겠지만, 아이들 입장에서는 얼마만큼 머리칼을 흩뜨려야 멋있어 보일지 아주 오래 고민한 결과이다. 자신의 외모에 신경 쓰지 않는 척하지만 사실은 자신의 외모와 옷차림에 강박적으로 집착한다.

궁극적으로 반항은 의존성의 표출이다. 왜 그런지 궁금하지 않은가? 반항형 불량행동을 일삼는 아이들은 자신을 온전한 존재로 느끼기 위해 반항할 대상이 반드시 필요하다. 누군가를, 혹은 뭔가를 강하게 압박하고 밀어붙임으로써 자신이 강력한 힘을 가졌다고 착각하는 것이다. 벽에 기대고 서 있는 아이를 상상해보라. 아이는 안전한 것처럼 보이겠지만, 그 벽을 치워버리면 어떤 일이 벌어질까? 반항이 작용하는 방식도 그와 같다. 반항할 대상이 없어지면 자신의 자세를 유지할 수 없는 것이다.

그렇다면 아이들은 반항 행동으로부터 무엇을 얻는 걸까? 반항은 사람 사이의 관계에서 오는 불안감을 막아주는 울타리가 되고, 자신의 개성이 뭔지 불확실하다고 느끼는 아이에게 일시적인 정체성을 제공한다. 반항형 아이들은 오해의 대상이 되기 쉽다. 반항을 통해 자신이 강하고 안전하다는 환상을 만들어내지만, 실제 상황은 그 반대다. 그런 아이들과 충분한 시간을 함께해보면, 겉모습 바로 아래에 숨겨진 불안감을 쉽게 감지할 수 있다.

Case Study

. . . .

자전거를 메고 온 찰리Charlie 이야기

찰리는 몸에 문신을 하고 머리가 헝클어진 스무 살 정도의 청년으로 기억된다. 그는 내게 전화해서 가능한 한 빨리 약속을 잡아달라고 요구했다. 짧은 통화였지만, 나는 그가 반항형 불량행동 유형에 속한다는 사실을 분명히 알 수 있었다. 나이와 상관없이 이 유형에 속하는 사람은 하나같이 '으스대는 아이' 같은 느낌을 준다.

찰리는 자신이 낮에 잠을 자야 된다고 하면서, 내가 제안하는 약속 시간마다 퇴짜를 놓았다. 심지어 내 퇴근 시간보다 한참 늦은 시간에 약속을 잡자고 끈질기게 요구했다.

그는 고등학교를 두 번 중퇴했고, 최근에는 대학을 휴학했다. 거기에는 이유가 있다고 했지만, 그 이유를 밝히기는 거부했다. 그렇다면 나와 상담을 하려는 이유는 무엇일까? 찰리는 자신이 '치료를 받고 있으므로 복학해도 된다'는 전문가의 확인서가 필요했다.

그는 약속 시간보다 조금 늦게 도착했다. 땀에 흠뻑 젖은 채 숨을 헐떡이는 찰리는 어깨에 자전거를 메고 있었다. 건물 경비원이 자전거를 건물에 갖고 들어가면 안 된다고 했기 때문에, 몰래 화물용 엘리베이터를 타고 내 사무실까지 왔던 것이다.

그가 사무실 문을 열고 들어오는 순간, 엄청난 냄새가 풍겨왔다. 나중에 내가 '찰리의 악취'라고 별명을 붙인 고약한 냄새였다.

의자에 앉자마자 찰리는 불평을 쏟아내기 시작했다. 학교, 부모, 하다못해 건물의 경비원까지 사람들이 모두 자기를 괴롭힌다는 것이다. 자신의 행동에는 아무 문제가 없다고 생각하는 것이 반항형 불량행동의 뚜렷한 특징이다.

내가 학교에 보낼 확인서를 써주면 다시는 상담 받으러 오지 않을 것이라 생각한 나는, 치료 상담을 3회 정도 받고 난 후에 확인서를 써주겠노라고 약속했다. 그에 대해 좀 더 알아야 할 필요가 있었기 때문이다.

내 말이 끝나자마자 찰리는 큰 소리로 욕을 해대더니 바람처럼 사라졌다. 심지어 치료비도 계산하지 않았다. 돌이켜보면, 처음부터 너무 고분고분 대해준 것이 잘못이었다. 그의 요구를 받아들여 내 상담 스케줄을 조정했고, 그 결과 찰리에게 내 시간을 마음대로 할 수 있다는 인상을 주었다. 반항형 아이들에겐 자기 목적을 달성하는 특별한 재주가 있다.

나는 찰리의 불량행동에 허를 찔렸고, 아무 생각 없이 그의 의도에 항복한 꼴이 되었다. 문제는 이렇다. 당신이 반항형 아이들의 요구를 너무 빨리 받아들이면 그들은 당신을 결코 존중하지 않는다. 찰리 앞에서 내 입장을 지키지 못했기 때문에 그는 내 상담실에서 마음 놓고 빠져나갔던 것이다.

몇 년 후, 찰리가 다시 찾아왔다. 이번엔 나도 호락호락 당하지 않았다. 내 원래 일정에 맞춰 약속 시간을 잡았고, 놀랍게도 찰리는 내게 싸움을 걸지 않았다.

그는 여전히 땀범벅에 문신을 한 모습이었지만 깊이 좌절한 듯 보였다. 그는 제 시간에 왔고(물론 악취를 끌고 말이다) 전의를 상실한 모습으로 카우치에 무너지듯 몸을 기댔다. 왜 다시 왔는지 묻자 그가 한숨을 쉬고 대답했다. "내 인생은 완전 맛이 갔어요."

"그게 무슨 뜻이지?" 내가 물었다. 찰리는 눈을 질끈 감더니 고통스럽게 말했다. "나는 부모의 말도 선생님들의 말도 결코 듣지 않았어요. 당신처럼 나를 도우려는 사람들과도 싸웠어요. 이제 내게 남은 것은 아무것도 없어요."

이어서 찰리는 술과 담배를 사느라 자전거도 팔아야 했다고 설명했다. 말그대로, 완전히 파산 지경에 이른 사람 옆에 앉아 있는 느낌이었다. 아무 거리낌없이 반항을 계속한 결과, 찰리는 스스로에게도 보여줄 것이 없는 신세로 전락했다. 자랑스러운 성취는 하나도 없었고, 건강한 관계도 남아 있지 않았다.

이제 반항형 불량행동을 하는 아이들의 속마음으로 들어가, 무엇이 그런 행동을 촉발하는지 자세히 알아보자.

Case Study

. . . .

입시에 실패한 사라Sara 이야기

나이: 13년 6개월
유형: 반항형 불량행동
선호하는 전술: 분노발작, 협박, 심리탈진

"이게 전부 엄마 아빠 잘못이야!"

자신이 원하던 중학교에 들어가지 못하게 되었을 때, 사라는 가슴이 찢어지는 고통을 느꼈고 사람들 앞에 나서기 어려울 정도로 수치스러웠다. 친구들이 승리의 깃발처럼 합격증을 흔들어댈 때, 사라는 화장실에 숨어서 흐느꼈다.

그런데 사라는 중학교 입학시험을 위해 별다른 노력을 기울이지 않았다. 애쓰지 않아도 입학할 수 있을 것이라 믿었던 것이다. 이제 사라는 패배의 쓴맛을 보고 있었다. '~했어야 했는데should'라는 생각들이 사라를 고문해서 밤을 새게 만들었다.

"입학을 위해 더 열심히 노력했어야 했어."

"입학 예비시험을 위해 공부를 더 했어야 했어."

"면접에 대비해 준비를 했어야 했어."

이런 생각들이 사라의 머릿속을 떠나지 않았다. 자책에서 벗어나기 위해, 사라는 반항형 불량행동의 기본 전술을 구사했다. 즉 부모에게 책임을 돌리는 것이다.

중학교 배치 확인서가 도착한 6월부터, 그리고 끝나지 않을 것 같이 지루했던 여름 내내 사라는 무자비하게 부모를 괴롭혔다. 자신이 원하던 중학교를 가지 못하게 된 것은 오로지 부모의 책임이라는 것이었다. 부모가 자신을 충분히 보살피지 않았고 사랑하지 않는다고 대들었다.

사라의 부모인 마커스Marcus와 리사Lisa는 죄책감에 압도당했고 사라의 비난 중 많은 부분을 인정했다(죄책감을 가진 부모에 대해서는 5장에서 살펴보게 될 것이다). '~했어야 했는데'라는 생각 때문에 마커스와 리사도 밤마다 잠을 설쳤다.

"우리는 사라가 좀 더 노력하도록 채근했어야 했어."

"우리는 사라에게 더 많은 준비를 시켰어야 했어."

"우리는 사라의 입학 과정에 더 많이 개입했어야 했어."

사라와 사라의 부모가 '했어야 했는데' 지옥에 갇혀 있는 동안, 집안은 음울하기 짝이 없게 변했다. 긴장을 배출할 데가 없었던 사라는 정크푸드에 탐닉하기 시작했고 여름 내내 싸구려 음식들을 먹어치웠다.

마침내 중학교 첫 등교 날이 되었다. 사라는 화가 잔뜩 난 모습으로 쿵쿵거리며 낯선 건물을 향해 걸어갔고, 마커스와 리사는 차 안에서 그 모습을 바라보며 숨을 죽였다.

"어쩌면 사라의 기분이 그렇게까지 나쁘지는 않을 거야."

"사라가 예상 외로 잘할 수도 있지 않을까?"

"사라가 학교를 좋아하게 될지도 몰라."

그렇다, 그럴 수도 있다.

"내일부터 학교에 안 갈 거야!" 그날 학교에서 돌아오자마자 사라는 악을 썼다. "부모라면서 나한테 해준 게 뭐 있어? 엄마 아빠가 내 인생을 망쳤다고! 둘 다 싫어!"

마커스와 리사는 사라를 진정시키기 위해 최선을 다했다. 하지만 애를 쓰면 쓸수록 돌아오는 건 더 많은 독설이었다. 사라는 울부짖고, 책을 집어던지고, 부모를 저주했다.

부모는 이런 모습에 충격을 받았다. 사라가 이렇게까지 흥분한 것은 처음 보았던 것이다. '우리는 앞으로 ~을 해야 할까?'라는 생각으로 두 사람을 또 밤을 샜다.

"홈스쿨링을 알아봐야 할까?"

"기숙학교를 찾아봐야 할까?"

"강제로라도 학교에 보내야 할까?"

이제 사라가 겪는 고통의 진짜 원인을 이해하기 위해, 사라의 과거를 살펴봐야 할 시간이다.

사라의 과거

사라는 한꺼번에 몰려온 변화의 관문을 통과하는 중이다. 학교가 바뀌고, 친구와 헤어지고, 길고 고립된 여름을 참아내는 것부터 스트레스와 관련된 체중 증가까지. 물론 이 밖에도 부모에겐 감추기로 작정한 다른 당혹스러운 사건들도 많을 것이다. 사라의 불량행동이 시작된 원인에 대한 완벽한 그림을 얻기 위해, 사라의 지난 삶을 모두 검토해보기로 하자.

조숙한 사춘기

외도치 않게 사라에겐 사춘기가 일찍 찾아왔고, 그로 인해 사라는 학교와 사람들과의 관계에서 많은 불편을 겪게 되었다. 사라의 가슴은 또래 친구들 중에서 가장 먼저 부풀어 올랐다. 사라의 가슴을 보고 남자아이들은 낄낄댔고 여자아이들은 수군댔다. 사라가 브래지어 착용을 거부하자 사태는 더 악화되었다.

다른 아이들과 마찬가지로 사라도 자기 몸의 변화를 부모에게 알리는 것을 창피하게 여겼다. 10대 초반의 아이들은 부모의 실망과 비난을 두려워해 자신이 맞닥뜨린 문제를 숨기려는 경우가 많다.

학습능력 차이

사라는 노트 필기를 어려워했다. 사라의 손글씨는 읽기 어려웠고 한때는 난독증으로 고통 받기도 했다. 부모와 함께하는 숙제는 언제나 눈물과 싸움으로 끝나곤 했다. 결국 마커스와 리사는 주 3회 사라의 숙제를 도와줄 가정교사를 고용하기도 했다. 불행하게도 사라의 학습 장애는 가정교사 선에서 해결될 문제가 아니었다.

숨겨진 학습장애를 갖고 있는 아이들 대부분은 낮은 자존감 때문에 괴로워한다. 공부를 따라갈 수 없고 과제를 제 시간에 끝낼 수 없기 때문이다. 수업

중에 경험하는 만성적 긴장으로 인해 쉽게 피곤해질 뿐 아니라 우울감에 빠지기도 쉽다. 이미 자존감에 문제를 갖고 있던 사라에게 학습장애는 행복감에 타격을 주는 또 하나의 원인이 되었다.

사라의 은밀한 공포

사라는 엄마 아빠가 큰 오빠 에드워드Edward만 좋아한다고 믿었다. 에드워드는 뭐든지 잘하는 것처럼 보였다. 대학에서 장학금을 받을 정도로 공부를 잘했고 친구들 사이에서도 인기가 좋았다. 사실 마커스와 리사도 큰 아들과 함께 있을 때 즐거워했다. 사라는 매일 밤 침대 속에서 자신을 고문했다.

"나는 뚱뚱해."

"아무도 나를 좋아하지 않아."

"나는 미련 곰탱이야."

사라는 거의 잠을 자지 못했고 모든 것이 짜증의 대상이었다. 어머니가 주방에서 일하며 부르는 콧노래, 아버지가 음식을 씹는 소리, 오빠의 알람 소리(1980년대의 락 음악이다)까지 모든 것이 거슬렸다. 이처럼 사라에겐 아주 많은 일이 일어나고 있는 중이다. 국면 전환을 위해서는 부모의 다각적인 접근이 필요하다.

즉각적인 조치

지금 가장 먼저 해야 할 일이 무엇일까? 일단 스트레스 수준을 낮춰, 사라의 분노를 통제 가능한 수준이 되도록 해야 한다. 마구 소리를 질러대는 사람의 마음속에는 매우 불행한 아이가 있다는 사실을 명심하자.

그런 아이에게 등교를 강요하거나, 벌을 주거나, 불량행동에 상응하는 불량행동으로 반응하는 것은 갈등과 반항을 증폭시킬 것이 틀림없다. 마커스와 리사는 차라리 휴식을 제공하는 편이 나을 것이다.

아이가 모자랐던 잠을 벌충할 수도 있고, 휴식 후엔 학교생활을 그리워하게 될 가능성도 있기 때문이다.

사라를 학교에 보내 지치고 짜증나게 만드는 것은 좋은 방법이 아니다. 하지만 학교 공부를 대신할 대안이 마련될 때까지는 지금 다니는 학교를 계속 다녀야 한다는 사실을 사라에게 분명히 알려야 한다. 이렇게 함으로써, 아이와 부모가 협조할 수 있는 장이 만들어지고 부모가 사라의 말을 경청하고 있으며 사라를 중요하게 여긴다는 것을 확인시켜줄 수 있다.

고통을 겪는 아이들에겐 자신의 말이 경청되고 있다는 사실이 최고의 치유다. 이해받는다는 느낌은 상처를 치료해주는 약이다. 부모로부터 이해받지 못하고 부모가 자신에게 신경 쓰지 않는다는 느낌 때문에 사라의 불량행동이 시작되었을 것이다. 이런 인식이 변하게 되면 부모를 괴롭힐 확률이 훨씬 줄어든다.

다음으로 자기 스스로를 위로하고 진정시키는 몇 가지 활동을 소개하고 싶다. 예를 들어보자. 사라는 엄마 아빠와 요리하는 것을 즐기는가? 사라에게 창조성을 발휘할 출구나 친구들이 있는가? 어쩌면 사라는 아빠와 캠핑을 하며 즐거운 하루를 보낼 수도 있다.

자신이 엄청난 장애물과 맞서고 있다고 느끼는 아이들에겐 약간의 거리 두기가 도움이 될 수 있다. 문제를 되풀이해서 거론하는 일은 긴장을 고조하고 사태를 악화시킨다. 하루쯤 학교를 쉬게 해주면 긴장을 누그러뜨리고 마음속에 눌러둔 불안감을 표현하는 데 필요한 힘을 얻게 된다.

마지막 힌트를 알려주겠다. 반항적인 아이가 민감하게 느끼는 주제에 접근할 때는 부모 중 한 명이 나서는 것이 나은 경우가 많다. 두 명의 부모가 나설 때, 아이들은 자신이 집단으로 공격당한다거나 수적으로 불리하다는 느낌을 받는다. 즉 아이의 긴장이 고조되고 방어적인 태도가 강화될 수 있다. 그러니 일단 목표를 분명히 한 후에, 어떤 부모가 그 일을 맡는 게 좋을지 결정하고,

아이가 어떤 식으로 반발하더라도 부모 두 사람은 공통된 태도를 보여야 한다는 전제에 동의해야 한다.

이런 즉각적 개입을 통해 사라가 안정감을 회복하고 차분해지면, 마커스와 리사는 다음과 같은 권장 사항을 고려해야 할 것이다.

교육 관련 평가 사라는 비언어적 학습 능력에 문제가 있다는 신호를 여러 면으로 드러냈다. 말하는 기능은 정상이지만 비언어적 과제, 다시 말해 읽기와 쓰기에 어려움을 겪을 수 있다는 의미다. 사라는 과제를 완수하기 위해 안간힘을 쓰느라 쉽게 피곤해졌고 감정의 기복이 심했다. 아이는 숙제한 노트를 잃어버리거나 제출하는 것을 잊곤 했는데, 또 한 번의 낮은 평가를 피하기 위해서였다. 이 모두가 진단되지 않은 학습장애 증상이었다.

사라의 스트레스 수준을 낮추기 위해서는 학습 능력을 확인하는 것이 매우 중요하다. 2장에서 논의했듯이 학습 능력의 차이는 정신적 스트레스를 유발하기 때문이다. 사라는 난독증, 집중력과 같은 학습상의 문제와 과제와 시험 등의 처리와 집행 문제에 시달리고 있을 수도 있다.

사라가 적절한 학습 능력 평가를 받기 전에는 어떤 과외 지도나 치료법도 도움이 되지 않을 것이다. 사라의 반항형 불량행동은 절망감이 커짐에 따라 악화될 가능성이 높다.

일단 사라의 학습 능력이 확인되면, 전문가에게 의뢰해 문제가 있는 영역에 도움을 줄 수 있고 공부에 성공할 수 있는 스킬도 제공받게 될 것이다.

종합 의료 검진 정상적인 경우보다 훨씬 일찍 찾아온 사라의 조숙한 사춘기와 관련해 건강상의 이유를 확인하는 것도 중요한 일이다.

소녀들이 조숙한 사춘기를 맞을 확률은 소년의 10배 정도라고 한다. 조숙한 사춘기는 또래들에게 놀림을 당하는 형태로 심각한 사회적·정서적 스트레스를 유발한다. 어린 나이에 처리하거나 이해하기에는 너무 어려운 생각과 느낌들이 홍수처럼 밀려오고, 그로 인해 우울감이 생기고 수면 부족이 따르기도 한다.

몸에 일어난 변화가 사라의 기분에 어떻게 영향을 미치는지 이해하려면, 청소년기 의료에 전문성이 있는 의사를 만나보는 것이 좋다.

앞에서 논의했듯이 유산소 운동은 우울과 불안에 대항하는 최선의 방어책이 될 수 있다. 사라에겐 긴장 배출구가 절실하게 필요하다. 당연히 아이는 헬스센터나 스포츠팀에 합류하는 것을 거부하겠지만, 부모가 함께하는 방식으로 용기를 북돋을 수 있다.

예를 들어 아빠와 함께 자전거를 타고, 엄마와 함께 수영 강습을 받고, 친구들과 요가 클래스에 등록할 수도 있다. 뭐가 됐든 사라를 다시 움직이게 만들면 된다. 사실 사라는 초등학교 시절 우수한 축구 선수였다. 사라의 기분이 좋아졌을 때를 노려 축구를 다시 권해보는 것도 훌륭한 아이디어다!

자존감을 세워주는 활동들 청소년기의 아이들은 어린 시절에 즐겼던 활동을 그만두는 경향이 있다. 기타나 피아노 연주를 중단하고, 댄스 수업에 참여하는 것을 거부하고, 스케치나 그림 그리기를 포기한다. 자신을 달래주는 창조성의 출구가 하나도 남지 않게 되는 것이다. 나는 마커스와 리사에게 사라가 과거에 즐겼던 활동을 다시 시작하는 게 좋겠다고 조언했다. 사라는 초등학교 시절 도자기 만들기를 좋아했다고 한다. 도예 강습을 다시 시작하면 사라의 기분도 좋아지고 자존감도 올라갈 것이다.

치료법 사라는 감정과 관련해 언어로 표현하는 일에 능숙하지 못하다. 결국 말로 표현되지 못한 억압된 감정들이 사라의 불량행동을 부채질할 가능성이 크다. 적절한 치료를 받으면 자신의 좌절과 두려움을 난폭한 행동이 아닌

언어로 표현할 수 있게 된다. 사라가 자기표현에 능숙해지면, 가족과의 관계에서 촉발된 불안감도 해소될 것이다.

마지막으로 또래 집단을 이용한 치료를 통해, 친근한 교우관계를 발전시키는 방법을 배울 수 있다. 또래 집단의 긍정적 지지는 고립감에서 벗어나게 해주고 사회를 좀 더 편안하게 느끼게 도와준다.

• 불안형 불량행동 •

불안형 불량행동 진단하기

☑ 아이가 지속적으로 신경 쇠약 직전의 상태에 있는가?

☑ 아이가 끊임없이 위로와 안심시켜주기를 요구하는가?

☑ 아이가 집요한 두려움과 걱정으로 자신을 고문하는가?

☑ 아이가 높은 불안 상태에서 강압적 요구를 하는가?

☑ 아이의 불안 가득한 혼잣말이 당신을 지치게 만드는가?

☑ 아이가 다른 사람이 어떻게 생각할지를 끝없이 걱정하는가?

☑ 아이가 혼자 있기를 어려워하는가?

☑ 아이가 끝없이 당신의 관심을 갈구하는가?

☑ 아이가 다른 사람과 어울리는 일을 싫어하는가?

☑ 아이가 수업 중에 말하는 일을 끔찍해 하는가?

불안한 아이들은 부모에 대한 '집착'과 '배척' 사이를 오가는 경향이 있다. 물론, 아이들이 위로받고 안심하기 위해 부모에게 의지하는 것은 자연스러운 일이다. 하지만 걱정 많은 아이들의 안달은 부모를 기진맥진하게 만든다. 불안한 아이들에겐 자신을 스스로 진정시키는 스킬이 거의 없거나 아예 없다. 자신이 위협당한다고 느끼거나 겁에 질리면, 안심하기 위해 바로 부모에게 달려간다. 일단 안심이 충족되면, 바로 부모를 밀어낸다. 그리고 이런 사이클은 끝없이 반복된다.

아이들의 속마음을 들여다보자. 불안형 불량행동을 하는 아이들은 부모에게 의존하는 것이 싫지만, 자신의 힘으로 자유로워질 수 없음을 인정한다. 반항형 불량행동에 비해 덜 공격적인 것처럼 보이지만, 끝없는 결핍감에 의해 강력해진 불량행동은 반항형보다 더하면 더했지 덜하지 않다.

도대체 왜 그럴까? 불안형 아이의 경우, 부모는 아이를 도와주고 있다고 생각하겠지만 실제로는 아이를 망치고 있는 것이다. 아이가 집을 떠나 세상 속에서 자신의 길을 찾는 것을 부모가 막고 있는 꼴이기 때문이다. 아이를 사랑해서 도와준 것이 결국에는 아이의 힘을 빼앗는 결과로 나타난다.

불안형 불량행동에 대한 좋은 소식과 나쁜 소식

좋은 소식부터 얘기하자. 드러내놓고 저항하는 반항형 아이들과는 달리, 걱정 불안이 많은 아이들은 자신이 위험한 상황에 처하게 되는 것을 지나치게 두려워하기 때문에 위험한 행동을 하는 일이 거의 없다. 이런 아이들의 부모라면, 제발 방구석에서 나와서 세상 속으로 들어가라고 애원하는 일이 많을 것이다. 불안형 아이들은 부모가 문밖으로 밀어낼수록 더 방구석으로 파고든다. 뭐가 기다릴지 알 수 없는 문밖으로 나가는 것보다 침대에 웅크리고 있는 편이 훨씬 안심이다. 불안형 아이들의 경우에는 언제나 익숙한 것이 새로운 것을 이긴다.

나쁜 소식은 당연하게도 도전을 회피함으로써 성장할 기회도 놓친다는 것이다. 불확실한 것, 뭐라도 위험 요소가 개입된 것은 불안을 증폭시킨다. 그 결과 성장의 많은 기회들을 흘려보내게 된다.

불안형 불량행동을 유발하는 힘

걱정 많은 아이들의 부모가 매우 궁금해 하는 것이 있다.

"내 아이는 원래 불안을 타고났을까?"
"내가 뭔가 잘못하고 있는 걸까?"
"내가 모르는 무언가가 아이를 불안하게 만드는가?"

조사해볼 만한 가치가 있는 훌륭한 질문들이다. '선천적 vs. 후천적'이란 해묵은 딜레마에 사로잡히기보다는 아이의 타고난 본성과 당신의 양육 태도를 숙고함으로써 보다 명료한 그림을 그려야 한다.

일단 아이의 나이, 기질, 가족사를 생각해보자.

▶ 당신 가족 중에 불안으로 고통 받은 사람이 있는가?
▶ 당신 자신이 불안으로 곤란을 겪은 적이 있는가?
▶ 당신 아이는 늘 불안한가, 아니면 갑자기 불안 상태에 빠지는가?

당신의 가족이 불안의 내력을 갖고 있다면, 아이가 그런 기질을 갖고 태어났을 가능성이 크다. 불안에 전염성이 있다는 사실도 염두에 두도록 하자. 불안해하는 부모, 갈등과 걱정이 가득한 가족은 자연스럽게 불안한 아이를 만들어낸다.

당신의 아이가 불안에 푹 빠진 것처럼 보일지라도, 불안의 사이클을 깨기 위해 당신이 할 수 있는 일은 아주 많다. 우선 아이가 불안을 느끼는 환경을 바꿀 방법을 찾아보자.

▸ 가족의 일상에 뭔가 변화가 있었는가? 이사나 전학, 새로운 수업 등이 여기에 해당된다.

▸ 아이가 사회적으로 느끼는 불안감이 쭉 진행되던 것인가? 아니면 최근에 생긴 것인가?

▸ 아이가 트라우마라 할 수 있는 경험을 했는가?

기분이나 감정의 급작스러운 변화 근저에는 그것을 촉발시킨 명백한 사건이 존재한다. 이런 사건은 쉽게 알아챌 수 있고 대부분은 가족 전체에 영향을 미친다. 그런데 발달 단계에 따른 아이의 변화는 간과되는 경우가 많다.

예를 들어, 사춘기에 들어선 아이들은 밑도 끝도 없는 불안을 경험한다. 폭발하듯 증가하는 호르몬과 함께 엄청난 심리 변화가 찾아오고 생리적 성숙에 의해 큰 불안감이 촉발된다. 초등학교 시절 차분하던 아이들이 중학교나 고등학교에 가더니 갑자기 별난 아이가 되는 경우도 많다. 이처럼 사춘기에 보이는 발달 반응을 '정상적 발달 위기 normative developmental crises'라 부른다.

불안형 불량행동을 하는 아이들의 복잡한 내면을 파악하기 위해, 실제 사례를 살펴보자.

Case Study

· ·

청개구리 버나도Bernardo 이야기

나이: 9세
유형: 불안형 불량행동
선호하는 전술: 끝없는 불평, 심리탈진
부모: 이혼한 싱글맘

"버나도! 10분 후에 출발이야!" 안방에서 외출복을 입으며 사만다Samantha 가 소리친다. 집은 괴이할 정도로 조용하다. "내가 곧 출발한다고 했잖아!" 불길한 예감으로 버나도의 방으로 향한 사만다는 트렁크 팬티 차림으로 자기 침대에 누워 있는 아들을 발견한다.

1단계: 애걸하기

"그냥 집에 있으면 안 돼요?" 버나도가 엄마에게 애원한다. 사만다는 앞으로 전개될 대화를 예상하며 눈을 질끈 감았다. "버나도, 우린 생일 파티에 가는 거라고. 즐거운 파티 말이야!" 사만다가 말한다. "제발요, 엄마! 난 가기 싫어요!"

"루이스Louise가 널 기다릴 거야. 그리고 넌 파티에 참석하는 사람들을 다

알잖니?"

"내가 정말 그 사람들을 아는 게 맞을까요?"

화가 치민 사만다는 아들에게 명령한다. "빨리 옷 입어!"

"나 배가 아파요. 가 봤자 아무것도 못 먹을 거예요."

"아, 버나도……"

2단계: 조르기

"엄마, 내 생각도 좀 해줘요."

"빨리 움직이지 못해? 3초 준다. 하나!"

"웃기는 생일 파티에 가기 싫다고요!"

"둘!"

"그 애들은 다 못됐어요. 엄마도 그렇게 말했잖아."

"셋!"

"아빠가 그랬어. 엄마가 이기적이라고!"

이 속임수는 언제나 통한다. 주제를 바꿔서 엄마를 혼란스럽게 만들고 놀라는 모습을 지켜보는 것이다.

"네 아빠가 뭐라 그랬다고?" 사만다가 덥석 미끼를 물었다.

"아빠랑 비밀로 하기로 약속했어."

"빨리 말하지 못해?"

"아빠가 그랬어. 엄마는 내가 태어나지 않았으면 했대."

사만다는 자신의 관자놀이를 누른다. 긴장성 두통이 오는 조짐이 느껴진다. "아빠가 그렇게 말했단 거지?"

"엄마한테는 말 안 하기로 약속했는데……. 그렇지만 사실이야, 아빠가 그랬어."

버나도의 꼼수가 기막히게 통한다.

"좋아, 집에 있어." 사만다가 말을 잇는다. "그렇지만 텔레비전 보면 안 되고 컴퓨터, 스마트폰, 비디오 게임 모두 안 돼!"

"난 아파서 못 가는 건데, 벌주는 거야?"

"안 아픈 거, 다 알아."

3단계: 불량행동

"난 엄마가 싫어!"

사만다는 가방 속의 진통제를 찾아들며 말한다.

"맘대로 하렴. 네가 뭘 하든 신경 안 쓸 테니!"

사만다의 등에 대고 버나도가 악을 쓴다. "엄마 맞아? 미친 거 아냐?"

사만다도 지지 않고 소리 지른다. "입 다물지 못해?"

버나도는 현관문이 쾅 닫히는 소리를 듣자마자, 침대에서 벌떡 일어난다. 그리고 곧바로 컴퓨터로 가서 좋아하는 게임을 하기 시작한다.

버나도의 역사

사만다의 말에 따르면, 버나도는 아주 어릴 때부터 불안감이 높았다.

"아이는 뱃속에 있을 때부터 미친 듯이 발길질을 해댔죠. 밖으로 나오고 싶어 안달하는 것처럼 말이에요. 결국은 예정일을 3주나 넘겨 태어났지만요. 버나도는 그때도 자신이 무엇을 원하는지 몰랐던 것 같아요. 태어날 때부터 그 아인 시간을 안 지켰다니까요."

임신 말기에 산통이 자주 와서 사만다는 늘 아픈 배를 부여잡곤 했었다. 태어나서는 엄마 품에서 깊이 잠들었다가도 내려놓기만 하면 곧바로 깨어 소리를 지르며 울어댔다.

사만다는 자신이 싱글맘이 될 거라곤 생각도 못했다고 한다. "전남편으로부터 양육비 한푼 못 받는 싱글맘 신세가 되리라고 누가 상상할 수나 있었겠어요?"

그녀는 매일 밤늦게야 파김치가 되어 집으로 돌아온다. 오후 늦은 시간에는 선 채로 졸기가 일쑤다. 사만다는 한시라도 편히 쉬고 싶어 아들이 원하는 것은 웬만하면 들어주었다.

버나도의 은밀한 공포

부모가 이혼한 후, 버나도는 모든 것을 제 고집대로 하려고 한다. 불량행동 외에도 여러 가지 강박증을 만들어내기도 했다. 특히 그는 같은 것에 과도하게 집착했다. 특정한 TV 프로그램을 반복해 시청했고, 같은 책을 반복해 읽었으며, 같은 색의 옷만 입었다.

먹는 것에 대해서는 더 괴이했다. 버나도는 특정 음식을 특정한 날에 먹었다. 예를 들자면 다음과 같다.

아침식사: 바싹 구운 토스트(버터는 빼고), 사과(껍질 깐 것) 반 개과 포도맛 탄산음료
점심식사: 땅콩버터를 바른 크래커, 바나나, 설탕을 넣지 않는 홍차 한 잔
저녁식사: 포크로 찍어 먹을 수 있게 작게 조각낸 핫도그(튀긴 것, 구운 것은 절대 안 됨)와 전자레인지로 조리한 무지방 팝콘(버나도는 팝콘을 손으로 만지지 않는다. 팝콘에 손을 대면 구역질이 난다나 어쩐다나)

강박적 행동의 정체는 압도당할 것 같은 불안에 맞서 기댈 수 있는 버팀목을 만들려는 시도다. 버나도는 이런 행동을 통해 아주 잠깐의 평화를 찾았던 것이다. 아이의 불안이 반복되는 이유는 불안의 진짜 원인이 확인되거나 처리된 적이 없었기 때문이다.

버나도의 마음속 깊은 곳에는 '아빠가 더이상 자신에게 신경을 쓰지 않는 게 아닐까'라는 의심이 도사리고 있었다. 아빠는 전화도 거의 하지 않았고, 버나도를 만나러 오는 일도 점점 뜸해지고 있었다.

"아빠는 내 생일도 기억하지 못할 거야."

버려졌다는 느낌이 엄마를 괴롭히는 원인이었다. 버나도는 엄마가 고통스럽다고 느낄 때까지 엄마에게 집착했다. 엄마가 숨 쉴 여유를 가지면 오히려 버나도는 고통을 느꼈고, 그 고통은 엄마를 괴롭히는 불량행동으로 바뀌었다. 사만다가 버나도를 거부하면 그것이 버려졌다는 느낌을 촉발하고 불량행동이 시작되는 것이다.

중요한 개입을 시작하기 전에, 사만다가 지금 당장 할 수 있는 조치들에 대해 생각해 보자.

즉각적 조치

제한 설정하기 컴퓨터 게임을 제한하는 것은 버나도를 위해 꼭 해야 할 일이다. 인터넷 접속을 무제한으로 허용하면 아이의 고립 성향을 심화시킬 뿐 아니라 강박적인 성향도 부추기게 될 것이다. 컴퓨터 게임이 창조적 작업과 인간관계를 대신하게 되었다면, 제한을 가해야 할 시점이다.

부모의 감독이나 통제가 없으면, 온라인상의 부적절한 콘텐츠에 노출될 가능성이 커지고 아이의 이해력에 장애가 올 수도 있다. 버나도의 불안한 느낌은 계속 강해질 것이다.

물론 컴퓨터 게임에 제한을 가하면 아이는 격렬히 저항하겠지만, 사만다는 단호해야 한다. 절대 아이가 엄마를 조종하게 놔두어서는 안 된다. 사만다는 아이가 무엇을 원하는지가 아니라 아들에게 무엇이 좋은지를 근거로 의사결정을 해야 한다. 부모가 자녀의 인터넷 접속 시간을 제한하고 특정 사이트를 차단하도록 도와주는 인터넷 서비스도 있다.

컴퓨터 사용 시간이나 게임 시간에 제한을 가했더니, 아이의 불량행동이 줄어들었다고 말하는 부모들이 많다. 자극적인 컴퓨터 게임은 아이를 끝없는 과잉자극 상태에 놓이게 한다. 아이들에겐 세상의 모든 것이 게임의 방해물인 것처럼 느껴진다. 아이는 점점 참을성이 없어지고 충동적으로 변한다. 또 주의 깊게 대화하는 능력을 잃게 된다. 이렇게 인터넷에 의존하면 할수록 의미 있는 인간관계를 발전시킬 능력은 줄어들게 마련이다.

갈등 완화하기 앞의 사례를 통해, 버나도의 도발에 사만다가 지나치게 민감하게 반응하는 모습을 지켜보았을 것이다. 그녀의 행동은 갈등을 완화하기는커녕 고조시키고 있다. 일을 저지른 후에야 사만다는 자신이 무슨 말을 했는지 생각해내고 곧바로 후회하고 사과한다. 이러한 갈등 사이클은 계속해서 반복된다.

갈등을 완화하고, 감정을 확인하고, 장점을 칭찬하는 작업(상세한 내용은 2장에 있다)을 통해 순간의 긴장을 완화하고 버나도의 불량행동을 줄일 수 있을 것이다. 만약 아이에게 압도당하는 느낌이 든다면, 한 걸음 물러나 자신을 추스른 다음 다시 돌아오는 편이 낫다. 사만다가 버나도의 공격에 공격으로 응수하는 한, 버나도의 불량행동이 개선될 희망은 없다.

집안일에 대한 책임 어떤 부모도 시종이나 하녀 역할을 하고 있다는 느낌을 가져서는 안 된다. 사만다는 아들이 요구하는 것을 다 들어줌으로써 아들의 강박행동을 부추기고 있다.

버나도는 집안일을 나 몰라라 한다. 회사 일로 지친 사만다는 식사를 준비하고, 아이 방을 청소하고, 빨래를 한다. 아들에게 집안일을 나눠주면 아이가 좀 더 책임감을 가질 것이고, 엄마에 대한 의존도를 낮추는 데도 도움이 될 것이다.

무엇보다 버나도의 불안 수준을 낮추는 것이 급선무다. 일단 그 목표가 달성되면 추가로 개입해야 할 행동들이 있는데, 다음과 같다.

부모 지원 그룹 사만다는 부모 탈진의 모든 징후를 보이고 있다. 앞에서도 확인했듯이 탈진 증후군에 시달리면서 효율적으로 행동할 수 있는 부모는 없다.

버나도의 불량행동에 대응하기 이전에, 사만다는 자신을 위한 지원을 받아야 한다. 그녀가 싱글맘으로 분투하고 있다는 사실은 중요하다. 사만다가 부모 집단으로부터 격려와 응원을 받게 되면 자녀 양육을 할 에너지를 얻고, 민감하게 반응하는 일이 줄어들 것이다. 물론 자신의 감정을 조절하는 일도 훨씬 잘하게 된다.

또래집단 치료 버나도는 혼자 지내는 시간이 지나치게 많다. 고립된 상태에서 컴퓨터나 스마트폰에 빠져들수록 사람과 어울리는 것을 거부할 것이다. 게다가 버나도의 강박적이고 충동적 행동은 결국 통제할 수 없게 될 가능성이 크다.

버나도의 경우, 또래집단 치료나 청소년을 위한 프로그램에 참여한다면 큰 도움을 받을 수 있다.

물론 처음엔 저항할 것이 확실하다. 자녀들이 새로운 것을 하지 않겠다고 거부할 때 많은 부모들이 아이에게 백기를 든다. 하지만 아이가 싫어하는 의사결정을 하지 않고서 좋은 부모가 될 수는 없다. 이러한 개입이 없다면, 아이에게는 불량행동을 해서 엄마를 괴롭히는 일이 유일한 긴장의 배출구가 될 것이다.

아이의 불안이 병으로 발전할 수도 있다.

친구들과의 교류는 새로운 에너지를 가져오고 성장을 위한 기회를 제공한다. 집단 치료를 통해 버나도는 부모의 이혼으로 고통 받는 친구들을 만나게 될 것이다.

버나도의 고립감은 옅어지고 스트레스에 대응하는 새로운 방법도 배울 수 있다. 스스로 해내는 일이 많아질수록 엄마에게 의존하는 일도 줄어든다.

가족 치료 단기간의 가족 치료도 권할 만하다. 사만다와 버나도는 서로를 헐뜯고 물어뜯는 일을 멈춰야 한다. 그들은 서로 공격하지 않고도 좌절감을 표현할 수 있다는 사실을 배워야 할 것이다. 가족 단위 치료를 통해 서로의 행동에 구조, 제한, 경계선을 정할 수도 있다.

자녀의 지원 나는 양육비를 부담하지 않는 전 남편 때문에 괴로워하는 수백 명의 싱글맘과 함께 작업한 경험이 있다. 싱글맘들은 아빠의 부재에 대한 아이의 분노까지 받아내야 한다.

버나도의 문제를 해결하는 데 아빠를 관여시키려는 모든 노력이 실패했다면, 사만다는 용기를 내서 법에 호소할 필요가 있다. 법으로 다투는 일이 험하고 추악한 싸움을 예고할지라도, 전 남편으로부터 재정적 지원을 받게 되면 사만다는 더 많은 힘과 체력을 갖게 될 것이다.

한때 가족이었던 사람과 법적 다툼을 벌이고 싶어 하는 사람은 없다. 하지만 사만다의 경우라면 시도해보는 것이 중요하다. 아무런 지원도 하지 않는 버나도의 아빠가 버나도의 삶에 개입하고 있다는 것은 끔찍한 일이다. 홀어머니에게 키워진 많은 아이들처럼, 버나도 역시 아빠에게 느낀 실망과 좌절을 엄마에게 풀어놓고 있다.

사만다가 전 남편에 맞서 마땅히 받아야 할 것에 대한 자신의 권리를 주장한다면, 아이의 불량행동에 대해서도 당당히 맞설 힘을 얻게 될 것이다.

• 조작형 불량행동 •

조작형 불량행동 진단하기

☑ 아이가 거짓말에 능숙한가?

☑ 아이가 돈이나 물건을 훔친 경험이 있는가?

☑ 아이가 당신의 두려움을 이용하는가?

☑ 아이의 요구를 거부할 때 아이의 기분이 급격히 저하되는가?

☑ 아이가 자해하겠다고 협박한 적이 있는가?

☑ 아이가 무단결석이나 등교 거부를 한 적이 있는가?

☑ 아이가 꾀병을 부린 적이 있는가?

☑ 아이가 술이나 담배를 한 경험이 있는가?

☑ 아이가 학교를 중퇴한 적이 있는가?

☑ 아이가 자신의 친구를 부당하게 이용한 적이 있는가?

만약 부모가 자녀 양육에 대한 두려움과 불안에 휩싸여 있다면, 조작형 불량행동을 하는 자녀에게 당하는 것은 시간문제다. 특히 당신의 불안감이 크거나 죄책감을 가진 부모라면 더 그렇다(이런 유형의 부모에 대해서는 5장에서 자세히 알아볼 예정이다).

꾀병이나 영리한 음모, 공갈, 협박은 조작형 불량행동에서 주로 사용되는 수법이다. 부모를 불안의 먹이가 되게 조종하고, 부모가 자기 불신에 빠지게 함으로써 원하는 것을 얻는 것이다.

어찌 보면 조작형 불량행동을 하는 아이들은 가정을 파탄으로 몰고 가기 위해 태어난 것처럼 보인다. 하지만 그건 사실이 아니다. 반항형, 불안형과 마찬가지로 조작형 불량행동을 하는 아이들 역시 자신의 두려움과 불안에 대응하기 위해 자신의 환경과 주변 사람들을 조종하려는 것뿐이다. 아이의 두려움이 뭔지 그 뿌리를 이해하고, 아이가 자신의 두려움과 불안을 말로 표현하게 만드는 것이야말로 불량행동을 없애는 첫 걸음이다.

조작형 불량행동의 배후 메커니즘을 상세히 분석하기에 앞서, 마샤 Marsha의 사례를 살펴보자. 마샤는 부모의 선의를 이용해 자신의 요구를 교활하게 관철시키는 10대 아이다.

Case Study

완벽해 보이는 마샤Marsha 이야기

나이: 19세
유형: 조작형 불량행동
선호하는 전술: 부모의 죄책감, 자기 불신, 동요 유도하기

마샤는 어디서나 눈에 띄는 아이다. 날씬한 몸매와 붉은 갈색의 머리카락, 옅은 갈색의 눈 등 한눈에도 매력적인 외모를 갖고 있기 때문이다. 더군다나 그녀는 자신을 사랑하는 부모와 아무 문제도 없어 보인다. 도대체 마샤가 왜 학교를 중퇴해야 하는 걸까?

새벽 2시, 갑자기 기숙사에서 나온 마샤가 집으로 왔다. 놀라서 잠에서 깬

부모에게 마샤는 가족회의를 하자고 요구한다. 마샤가 주방을 서성이는 동안, 빅터Victor와 아만다Amanda는 비몽사몽 상태에서 식탁에 앉는다.

"대놓고 나를 질투하는 사람들만 우글거리는 기숙사에서 내가 살아야 할 이유가 도대체 뭐야?" 마샤가 따진다.

빅터와 아만다는 재빨리 눈길을 교환한다. 두 사람은 또 그 일이 시작되었음을 직감한다. 마샤는 다시 한 번 고등학교를 자퇴하려는 것이다. 기숙학교에 보내면 뭔가 달라질 거라고 기대했던 두 사람은 절망에 빠졌다.

마샤는 냉장고 속에서 먹을 음식을 찾으며 말을 이었다. "난 학교에 돌아가지 않을 거야."

빅터가 한숨을 쉬며 말한다. "너는 잘해낼 수 있어."

마샤가 구운 닭다리를 뜯으며 말한다. "기숙사 방에서 마약을 하는 아이도 있어. 범죄자들과 같이 사는 거나 마찬가지라고." 아만다는 딸이 나이프와 포크를 썼으면 했지만 아무 말도 하지 않는다.

빅터가 눈을 굴리며 말한다. "마샤, 그건 지나친 과장이잖아."

마샤가 말한다. "내가 말했잖아. 학교는 안 간다고. 아빠는 왜 그렇게 말을 못 알아 들어?"

잠자코 있던 아만다가 말한다. "아침에 다시 얘기하자. 너무 늦은 시간이고 우리 모두는 지금 피곤하잖니?"

드디어 빅터가 화를 낸다. "마샤, 내가 진짜 왜 피곤한지 말해야겠다!"

아만다가 빅터의 말을 가로챈다. "학교가 아이한테 맞지 않는다면, 그건 학교가 잘못인 거라고요."

"세 번씩이나 말이오?"

마샤는 일이 어떻게 진행될지 잘 알고 있다. 아빠의 목소리가 커질 것이고, 그러면 엄마가 울기 시작할 것이다.

"나를 학교로 되돌려 보내면 나도 무슨 짓을 할지 몰라." 마샤가 손으로 얼굴을 가리고 흐느끼기 시작하자 아만다가 마샤를 안아준다.

"걱정 마. 엄마가 아침에 학교에 전화할게. 여긴 네 집이야. 넌 언제라도 환영이란다."

아만다는 휴지를 뽑아 마샤에게 건네고 빅터는 손으로 머리를 감싸 쥔다.

마샤의 과거

마샤는 엄마의 마흔다섯 번째 생일날 저녁에 태어났다. 빅터와 아만다는 늦게 본 외둥이를 위해 못해 줄 게 없었다. 많지 않은 수입이었지만 누구보다 열심히 일했고 딸을 위해 아낌없이 썼기 때문에, 마샤는 부잣집 아이들처럼 부족한 것 없는 삶을 누렸다.

불행하게도 그런 식으로 키워진 아이들은 자신이 누리는 것이 당연하다는 식의 특권의식을 키우고 감사하는 마음을 갖지 않는다. 마샤는 하고 싶은 대로 하는 것에 익숙해졌다. 누군가 자기편을 들지 않으면, 그들이 자신을 질투하고 악의를 품고 있다고 비난하기까지 했다. 더 나쁜 것은, 문제에 부딪힐 때마다 부모의 힘을 빌어 그 상황을 벗어나려 했다는 사실이다.

만약 마샤가 어떤 수업에서 좋은 성적을 내지 못하면, 빅터와 아만다는 담당 교사에게 책임을 돌리고 딸이 다른 반으로 옮기거나 다른 과목을 듣도록 해주었다. 마샤가 또래 친구들과 갈등을 일으키면 부모들은 '마샤가 희생양이 됐고, 아이들이 마샤를 집단으로 괴롭혔다'라고 주장했다. 마샤는 부모님의 은총에 기대, 자신의 책임을 회피하며 살고 있다.

마샤의 두려움

어릴 때부터 마샤는 엄마 아빠가 다투는 소리가 들리면 자다가도 벌떡 일어나 부모님의 침실로 달려갔다. 엄마에 대한 아빠의 분노가 자신을 향하도록 방향을 틀곤 했던 것이다. 아만다는 기꺼이 딸의 보호를 받아들이면서, 부지불식간에 부녀간의 골을 깊게 만들었다. 빅터는 왕따가 된 느낌이었고, 집 안에서 아버지로서의 권위도 가질 수 없었다.

마샤는 가족 외에 알고 지내는 사람이 거의 없었다. 부모를 빼놓고는 모든 사람들을 불신했다. 사소한 의견 차이가 있거나 조금만 마음에 들지 않아도 인간관계를 끊어버리는 경향까지 있었다.

결국 마샤 주위에는 친구가 거의 없었다. 마샤는 독립하고 싶다는 생각도, 집을 떠나서 살고 싶다는 욕구도 없다. 왜 이런 상황까지 왔을까? 마샤가 성숙한 인격을 갖추지 못해서이기도 하지만, 아빠로부터 엄마를 보호해야 한다는 책임감에서 비롯된 것이기도 하다.

가족 역학

모든 것을 딸에게 맞추기 위해 애쓰다 보니, 빅터와 아만다는 마샤의 말이라면 뭐든 들어주는 수준까지 전락했다. 그 결과 마샤는 초기 아동기를 벗어나지 못한 채 발달이 멈춘 상태에 있다. 부모로부터 감정상의 건강한 분리를 전혀 겪지 못했다는 이야기다. 마샤는 자신의 만족감과 행복감 모두를 부모에게 의존하는 상태로 남게 되었다.

부모에 대한 유별난 친밀감과 의존성으로 인해, 마샤는 다른 사람과 공감하는 능력이 지극히 부족한 상태다. 자기 부모가 하듯이 모든 사람이 자신을 애지중지해줄 것이라 기대하고, 그렇지 않으면 상심하고 배신당했다고 느끼는 것이다.

즉각적인 조치

마샤의 부모가 즉시로 취할 수 있는 방법 몇 가지를 알려주겠다.

학교 책임자와 접촉하기 아만다와 빅터는 학교에 연락을 취해서, 그 같은 상황에 대응하는 행동 원칙에 합의해야 한다. 학교 책임자와 가족 간의 만남이 아주 중요한 이유는 마샤가 자신의 행동에 책임감을 갖고 자신의 모든 문제를 부모에게 의존하는 일을 중지하게 만드는 작업의 시작이기 때문이다.

대부분의 기숙학교는 그런 상황을 다룰 수 있도록 훈련받은 심리학자나 상담가가 근무하고 있다. 마샤도 학교에 소속된 치료 전문가와 함께 작업함으로써 학교생활에 적응할 수 있도록 도움을 받을 수 있다.

통일된 양육 목표 설정하기 아마다와 빅터 두 사람은 서둘러 양육 목표를 통일해야 한다. 두 사람 사이의 갈등은 마샤의 행복감을 좀먹는 효과를 낸다. 아이의 눈앞에서 양육 상의 의사결정을 두고 다투는 상황은 아이를 고통스럽게 하는 동시에 아이의 불량행동 성향을 자극한다.

가끔은 두 사람의 의견 차이가 너무 커서 조종이 어려운 경우도 있을 것이다. 그럴 때는 부모 코치parent coach나 치료 전문가를 만나 두 사람의 관계를 강화하고 의사소통을 향상시키는 데 도움을 받을 수 있다. 일단 두 사람의 따로 노는 양육 스타일이 마샤에게 얼마나 많은 상처를 주고, 아이의 불량행동을 촉발하는지 이해하는 것이 가장 중요하다.

일단 학교 문제가 해결되면, 다음과 같은 장기적 조치들을 고려할 수 있다.

마샤를 위해 더 많은 사회적 출구 만들기 마샤는 가족 외의 인간관계를 확장할 필요가 있다. 그러기 위해서는 아르바이트, 인턴 활동, 청소년 프로그램에 참가하는 것이 도움이 된다. 그런 경험을 통해 좀 더 자립적이고 부모에 덜 의존적인 인격을 갖추게 되는 것이다.

스스로 용돈을 벌고, 사람과 어울리는 즐거움을 깨닫고, 좀 더 의미 있는 친구 관계를 발달시키게 되면 자연스럽게 자신감과 보람을 느낄 수 있다. 마샤는 자신이 존중받거나 가치 있다고 느끼기 위해, 다른 사람을 조종하거나 불량행동을 할 필요가 없다는 사실을 깨닫기 시작할 것이다.

가족 치료 만약 가정 내 갈등이 지속된다면 가족 치료를 권한다. 가족 치료는 아만다와 빅터, 마샤가 갖고 있던 불만을 마음껏 풀어놓을 수 있는 장이 될 것이다. 그리고 이 작업을 통해 가족 간의 의사소통을 개선하는 효과도 볼 수 있다.

마샤가 불량행동을 하는 핵심 원인은 아직 다뤄지지 않고 있다. 아이는 부모의 나쁜 관계를 부담스러워한다. 빅터는 아내와 사이가 나빠진 것이 딸 때문이라고 생각하고, 아만다는 남편을 두려워하면서 마샤의 감정적 지원에 의존하고 있다. 엄마가 상처받지 않으면서 부모의 갈등이 해결될 것이라고 마샤가 믿게 하는 것이 문제 해결의 실마리다.

노련한 가족 치료 전문가는 가족 구성원 모두가 자신의 걱정거리를 드러내게 하고, 가족이 공존할 수 있는 새로운 방식을 찾도록 돕는다. 이런 과정을 거쳐 가족 간의 긴장이 완화되고 그들에게 꼭 필요했던 위안이 찾아온다. 마음을 터놓고 대화를 한다는 것은 말처럼 쉽지 않다. 특히 문제를 가진 가정에서는 불가능할 수도 있다. 내가 치료 전문가의 도움을 받으라고 하는 이유가 거기에 있다.

지금까지 우리는 불량행동을 할 가능성이 높은 아이들을 만나보았다. 이제 자녀의 불량행동에 괴롭힘을 당할 가능성이 높은 부모에 대해 알아보고, 실제로 그런 부모들이 어떤 방식으로 원인을 제공하는지 자세히 살펴보자.

5장

아이에게 괴롭힘을 당하는 부모의 공통점

세상엔 온갖 종류의 부모가 있다. 무관심한 부모, 방임적인 부모, 엄한 부모, 강압적인 부모, 그리고 그 사이에 존재하는 온갖 유형들이 존재한다. 이번 장에서는 자녀가 불량행동을 하도록 만드는 부모의 유형을 검토할 것이다. 만약 당신이 다음과 같은 유형이라면, 자녀의 불량행동을 유발시키는 원인은 자신에게 있다고 판단해야 한다.

▶ 모든 일을 자신의 책임으로 돌리는, 죄책감형
▶ 아이에 대해서 끝없이 걱정하는, 근심걱정형
▶ 모든 것을 다 해주려고 하는, 해결사형

지금부터 조금 예민한 부분을 다루려 하니, 열린 마음을 가져주기 바란다. 4장에서 우리는 불량행동을 할 가능성이 높은 아이들을 검토했다. 이제 나는 20여 년 동안 모은 데이터와 연구 결과를 바탕으로, 자녀에게 괴롭힘을 당하는 부모의 3가지 유형을 제시하려고 한다.

당연하지만 양육 스타일이란 것이 칼로 무를 자르듯 깔끔하게 나눠지는 것은 아니다. 하지만 이런 분류가 부모-자식 간의 관계를 성찰할 수 있는 기본 틀이 될 수 있다. 자신의 양육 스타일이 실질적인 의사결정 과정에 어떻게 영향을 미치는지, 그리고 아이의 불량행동을 어떤 식으로 부추기는지 생각해보려고 한다.

명심하자. 부모의 양육 스타일은 충분히 겹칠 수 있다. 자신이 확실하게 어떤 유형인지 알 수도 있고, 두 가지 유형이 결합된 것처럼 보일 수도 있고, 세 가지 유형이 뒤죽박죽 섞여 있는 것처럼 생각될 수도 있다. 중요한 것은 자신의 양육 스타일을 확인하는 과정에서, 그러한 스타일이 만들어내는 함정과 복잡한 문제들을 직시하고 더 큰 문제들을 예방하는 데 힘을 얻는 것이다.

· 죄책감형 부모 ·

다음에 제시된 문항들을 읽어가면서, 그중 어떤 문제가 마음에 걸리는지 살펴보라. 분명히 어떤 문항들이 익숙하게 느껴질 것이다.

☑ 당신은 아이의 문제로 자책하는 경향이 있는가?

☑ 당신은 양육 상의 실수를 했을 때 심하게 자책하는가?

☑ 자신을 다른 부모와 비교하고 부정적으로 느끼곤 하는가?

☑ 당신은 그러지 않아도 될 때에도 아이에게 사과하는가?

☑ 막상 아이가 요구하면 옳고 그름에 대한 판단력을 잃곤 하는가?

☑ 부모 자격으로 아이에게 했던 말이나 행동을 후회하곤 하는가?

☑ 선물이나 보상을 통해 죄책감에서 벗어나려 하는가?

☑ 아이가 저지른 불량행동에 대해 변명하곤 하는가?

☑ 아이가 명백히 잘못한 경우에도 아이가 옳다고 자신을 설득하는가?

☑ 당신은 부모로서 실패했다는 느낌에 시달리고 있는가?

10개 문항 중 yes가 4개 이상이라면, 당신은 죄책감형 부모 그룹에 들어갈 가능성이 높다. 어쨌든 아주 크고 괴이한 이 집단에 온 당신을 환영한다.

하지만 너무 염려할 필요는 없다. 때때로 죄책감을 느끼지 않는 부모는 세상에 없으니까. 부모들은 끝없이 힘든 선택에 몰린다. 아이가 절대 좋아할 리 없는 결정을 하지 않을 수 없다는 뜻이다. 아이에게 인기 없는 부모가 되지 않고서는 결코 좋은 부모가 될 수 없다.

만약 당신이 죄책감을 떨치고 자녀 양육에 자신감을 얻기 시작한다면, 과연 당신의 아이는 당신의 새로운 모습을 좋아할까? 불량행동을 하는 아이들은 죄책감을 느끼는 부모로부터 자신이 원하는 것을 얻는데 익숙해져 있다. 당신이 제대로 된 양육 스타일을 강화함에 따라 갈등, 반항, 심리탈진 등의 강도가 높아질 것이라 예상해야 한다. 그렇다, 부모가 그때까지 통용되던 아이의 행동 기준에 도전하면 일시적으로 불량행동은 더 악화된다.

지금 당신은 게임의 규칙을 바꾸려 하는 참이다. 당신의 아이는 격렬한 저항을 통해 당신의 의지가 얼마나 확고한지 시험하려 들 것이다. 그러니 아이의 불량행동을 없애기 위해 계획을 세우기 전에, 당신이 느끼는 죄책감에 대해 충분히 살펴볼 필요가 있다. 좋은 부모가 되기 위해서는 죄책감이 당신을 조종하게 내버려두는 상황부터 멈춰야 한다.

죄책감을 느끼는 부모를 만나보자

만약 당신이 죄책감을 가진 부모라면, 뭔가 일이 잘못되면 그건 당신 탓이다. 뭐라도 해결되지 않는 일이 있다면, 그것 역시 당신 책임이다.

나는 죄책감에 사로잡힌 부모를 만날 때마다, 많은 의문이 떠오르곤 한다.

"그들이 느끼는 죄책감의 진짜 근원은 무엇일까?"
"그들 내면의 비평가는 왜 그리도 강력한 걸까?"
"자녀 양육이 그들의 내면에서 일깨운 불안감은 무엇일까?"

우리는 앞에서 이미 확인했다. 양육과 관련된 당신의 태도는 당신의 역사로부터 시작되었다. 이 말은 당신의 죄책감은 당신이 부모 역할을 하게 되기 한참 전부터 있었다는 의미다. 부모가 되는 상황이 잠재해 있던 죄의식을 건드려 확대하고 죄책감의 형태로 표면화되는 것이다.

죄책감형 부모들은 대부분 자신의 부모로부터 가혹한 취급을 받았던 사람들이다. 그들의 부모는 자녀에 대해 늘 비판적이고 못마땅해했으며, 일이 잘못되는 경우엔 자녀들에게 책임을 돌리곤 했을 것이다. 비난하는 부모의 목소리는 강력하다. 자녀가 평생 자기 비판적인 수치심에서 벗어나지 못하게 하고, 자칫 장애로 이어질 수도 있는 각인을 찍는 효과를 내기 때문이다.

부모가 자녀를 비난할 때, 비난당하는 아이들은 자신의 판단에 대해 회의하거나 의문을 품기 시작한다. 아이들은 자신의 능력에 대한 자신감을 잃어버리고, 두려움과 모멸감에 몸부림친다. 성인이 되어서도 그 불안감은 떨쳐내지 못한다. 그러다 부모가 되면 자기 비난적인 감정이 더 강화될 뿐이다.

끈질긴 회한

자기 불신으로 가득 차 있는 사람이 명료한 정신으로 결정을 하기란 불가능하다. 뭔가 잘못되어가고 있을 때, 죄책감을 가진 부모는 '마땅히 ~했어야 했는데' 그러지 못했다는 생각에 시달린다.

"나는 이 일이 일어날 줄 예상했어야 했어."
"아, 난 더 조심했어야 했어."
"내 마음의 소리를 들었어야 했는데."

보다 깊은 마음챙김 상태에서라면 자기-반성이 해로운 영향을 미치지 않는다. 하지만 죄책감형 부모는 그렇게 깊이까지 가는 경우가 거의 없다. 그들에게 죄책감은 통찰의 빛을 차단하고, 불안을 만들어내고, 자신감을 손상시키는 일종의 자기 처벌로 작용한다. 시간이 흐름에 따라 죄책감은 단순하기 짝이 없는 양육 상의 의사결정에 대해서조차 의문, 회의, 혹은 공황 상태를 유발하게 된다.

죄책감은 어떤 식으로 자녀의 불량행동을 유발할까?

아이들은 부모의 죄책감을 귀신같이 알아챈다. 부모가 흔들리고 있다는 사실을 금방 감 잡는 것이다. 아이들은 부모를 허약하고 비효율적인 존재로 본다.

아이들이 부모를 시험하는 시기에 접어들면, 죄책감을 가진 부모는 확신을 유지하기 어렵다. 갈등을 피하기 위한 노력의 일환으로 아이들의 요구에 항복해버린다. 부모의 죄책감을 유발해 자신의 뜻대로 조종할 수 있다는 것을 알게 된 아이들은 슬슬 불량행동에 시동을 건다.

그런데 놀랍게도 당신과 아이의 관계는 당신과 부모의 관계를 거울처럼 반영한다. 당신의 부모가 통제와 조종의 수단으로 당신을 비난했던 것과 똑같이, 당신의 자녀도 비난을 통해 당신을 조종하려 드는 것이다.

죄책감을 가진 부모들은 헌신적이고 열성적이다. 자녀를 위해서라면 자신의 욕구는 희생할 준비가 되어 있다. 문제는 그들이 곱씹고 곱씹는 죄책감이 부모의 리더십과 자녀의 존경심을 부식시키는 효과를 갖는다는 것이다. 죄책감을 가진 부모는 갈등과 대립을 회피하려는 성향이 강해, 자녀의 요구를 지나치게 수용하고 자녀를 이끄는 데 실패한다.

그렇지만 이게 다가 아니다. 최악이라고 할 수 있는 측면은 다음과 같다. 죄책감에 기반한 양육 상의 의사결정은 죄책감을 영속화한다는 사실이다. 죄책감을 가진 부모는 결코 이런 결과를 기대하지 않았다!

죄책감을 가진 부모의 딜레마와 내면의 몸부림을 진정으로 이해하기 위해서, 조작형 불량행동을 하는 아이를 둔 부모의 사례를 살펴보자.

Case Study

딸을 무서워하는 산드라^{Sandra} 이야기

현재 상태: 남편과 두 자녀를 둔 워킹맘
양육 스타일: 죄책감형
자녀의 유형: 조작형 불량행동
약점: 자기-비난, 우유부단함, 후회, 거부당하는 두려움

산드라는 희미한 조명을 받으며 현관에 서 있다. 한 손은 자동차 키를 잡고, 다른 한 손은 차가운 현관문의 손잡이를 잡고서 이렇게 생각한다. '도대체 이게 뭐람? 내 집에 몰래 들어가야 하다니!'

갑자기 현관문 쪽으로 열세 살짜리 딸 조안나^{Joanna}가 얼굴을 비친다. "왜 저녁식사 때 안 왔어요?" 조안나가 다그치듯 말한다.

산드라는 숨이 턱 막힌다. "미안, 엄마가 말이야……"

아! 또 사과하고 있다. 아이한테 사과 같은 건 하지 말자고 그렇게 다짐했건만. 조안나의 조롱하는 듯한 말이 이어진다.

"집에는 뭐 하러 와? 그냥 회사에서 살지."

오늘 산드라는 큰 광고 건을 수주했다. 직장에서는 마냥 어깨가 올라갔는데, 지금 집에서는 자신이 실패자로만 느껴진다. 남편인 브라이언Brian과 귀염둥이 막내 새미Sammy가 주는 사랑만으로는 죄책감을 멈출 수 없다(혹은 멈추기에 충분치 않다).

사실 남편과 새미는 무심코 하는 행동으로 산드라의 죄책감을 악화시키기도 한다. 새미가 반갑게 인사할 때조차 산드라의 죄책감이 발동하는 것이다. "엄마, 이제 와요? 아빠가 오늘은 늦게까지 엄마를 기다려도 된다고 했어요."

숙제를 끝낸 조안나가 쿵쿵거리며 계단을 올라가 자기 침실로 간다. 산드라가 조안나의 뒤통수에 대고 말한다.

"내일 엄마 비번인데, 우리 영화 한 편 볼까?"

"아니, 귀찮아."

"그럼 점심을 함께 먹는 건 어때?"

"아니, 그냥 옷 사러 가요."

조안나는 옷장이 넘칠 정도의 옷을 갖고 있었고 산드라도 그걸 잘 안다. 하지만 둘이 함께하는 시간은 쇼핑뿐이다. 크게 환영받지도 못하는 선물로 자신이 아이의 불량행동을 보상하고 있다는 사실을 그녀는 생각도 못한다.

겉으로 보기에 산드라는 모든 것을 다 가진 사람이다. 자신을 사랑하는 남편과 두 아이, 근사한 집과 직장에서의 성공까지. 그렇다면 산드라는 왜 죄책감을 느끼는 걸까? 그녀가 부모로서의 힘을 되찾기 위해서는, 가장 먼저 부정적인 혼잣말부터 정리할 필요가 있다. 우리가 앞서 배웠던 것을 토대로 산드라가 죄책감을 갖게 된 원인을 조사해보자.

사랑하고 존경했던 아버지

산드라는 아버지를 사랑했다. 아버지는 유능한 세일즈맨이셨다. 그녀는 아버지가 현관으로 들어오며 우렁찬 바리톤 음색으로 노래하듯 말하는 목소리를 아직도 생생하게 기억한다. "아빠 왔다, 우리 귀요미들아!"

산드라는 자신을 번쩍 들어올려 힘껏 안아주는 아빠의 퇴근 세레모니를 무척 좋아했다. "큰 딸, 어떻게 지냈어?"

아버지가 집에 돌아올 때마다 산드라는 그에게 뽀뽀 세례를 퍼부었다. 아빠는 재치 있는 농담거리, 혹은 멀리 뉴저지나 코네티컷 같은 이국적인 장소에서 가져온 특별한 선물로 산드라에게 보상을 주었다.

산드라는 자신이 아버지를 맞이하면서 했던 것을 딸이 자신에게도 해주길 간절히 바란다. 하지만 돌아오는 것은 늘 조롱과 무시뿐이었다. 정성껏 준비한 선물이 쌀쌀맞게 거절당하면 산드라는 또 한 번 실패자가 된 느낌에 젖곤 한다.

"난 절대로 이 옷을 입지 않을 거야!"

"다음엔 그냥 돈으로 줘."

"내가 이런 걸 좋아할 거라고 생각했어? 날 뭘로 보는 거야?"

늘 비난만 하는 엄마

산드라의 기억 속에 있는 어머니는 늘 못마땅한 기색으로 시큰둥한 표정을 짓고 있다. 어머니는 직장으로 복귀하겠다는 산드라의 결정에 동의하지 않고, 틈만 나면 그 일로 그녀를 비난한다.

"네가 직장을 포기했으면, 조안나와 이렇게까지 안 좋아졌겠니?"

"남편이 아이를 돌보게 하는 건 누가 뭐래도 이기적인 거야."

"나 같으면 월급 몇 푼 받겠다고 얘들을 팽개치는 짓은 절대로 안 해."

산드라는 어머니의 비난을 무시하면서, 구식 노인네의 얘기라고 치부한다.

하지만 어머니의 비난하는 목소리는 산드라의 마음속에 들러붙어 수시로 죄책감을 부추긴다. 그녀의 내면에 존재하는 독설가는 점점 더 독해진다. 산드라는 '좋은 엄마이면서 자신만의 삶을 산다는 것이 애초에 불가능한 것은 아닌가' 하는 회의가 든다.

점점 멀어지는 남편

처음에 브라이언은 산드라의 직장 복귀를 열렬히 지지했다. 하지만 지금 산드라는 남편이 자신을 원망하고 있다는 느낌을 받는다. 브라이언은 산드라가 집에 돌아올 때 냉랭하게 맞이하고, 조안나의 공격으로부터 아내를 보호하는 시늉조차 하지 않는다. 침대에서 산드라의 몸이 닿을라치면 얼른 벽 쪽으로 피하곤 한다. 예전과 다르게 부부관계에도 문제가 생긴 것이다.

반면 아빠와 딸 사이는 더 이상 좋을 수가 없다. 뭐가 좋은지 둘이 머리를 맞대고서 깔깔대고, 영화를 함께 보고, 저녁 외식을 하러 나가기도 한다. 모두 산드라가 남편과 함께 하던 일이다. "조안나가 나를 대신하는 걸까?" 산드라는 이상한 생각까지 하게 되었다.

산드라의 숨겨진 두려움

매일 밤 잠들기 전, 산드라는 그날 조안나와 나눴던 대화를 돌이켜보곤 한다. 산드라는 조안나의 비난에 대꾸할 말을 백만 번도 더 생각한다. 하지만 다음날이 되고 결정적 순간이 오면, 머릿속이 하얗게 비어버린다.

그런데 산드라가 모르는 것이 하나 있다. 조안나는 엄마의 죄책감을 불러일으키기 위해 말 한 마디도 공들여 준비해 교묘하게 사용한다는 사실이다. 엄마가 죄책감에 사로잡히면 자신이 엄마를 지배할 힘을 갖게 된다는 것을 알기 때문이다. 산드라의 죄책감이 조안나에게는 자유가 되고, 옷이 되고, 풍족한 용돈이 된다.

죄책감형 부모들이 이런 상황을 제대로 인식하지 못하는 이유가 있다. 바로 죄책감이 통찰력을 차단하기 때문이다. 조안나와의 고통스러운 대화 끝에 산드라에게 남겨진 것은 자신이 부모로서 실패했다는 느낌뿐이다.

산드라를 위한 지침

산드라가 죄책감을 처리할 수 있는 방법에는 몇 가지가 있다.

지침1: 남편과의 화해 산드라가 딸과의 문제를 해결하려면, 그 전에 남편과의 관계를 정상 궤도로 돌려놓아야 한다. 결혼생활에 실패한 커플들은 문제를 만든 가장 큰 원천이 빈약한 의사소통이었다고 말한다. 양육에 관련된 문젯거리로 갈등을 겪는 많은 부부들이 성생활도 뜸해지는 것을 경험한다. 아이를 돌보는 일에 너무 많은 시간과 에너지를 쓰게 됨으로써 결혼생활에 할애할 자원이 부족해지는 것이다. 그 결과 부부 사이도 황폐해진다.

결혼생활이 잘 유지되기 위해서는 정기적인 유지보수가 필요하다. 산드라와 브라이언이 서로에 대한 감정(불만, 좌절, 짜증 등)을 숨길수록 관계는 점점 냉랭해지고 멀어질 것이다. 표현하지 못한 감정은 그 어떤 관계라도 고사시킬 수 있는 강력한 증오로 변하기 때문이다.

부부간의 친밀감이 부족할 때, 그 욕구를 채우기 위해 지나치게 자녀에게 의존할 수 있다. 브라이언과 딸이 친밀한 것이 문제인 이유는 그 관계가 배타적이기 때문이다. 그 결과, 산드라는 부녀의 관계에서 배제되고 양육자로서 힘을 잃는다.

부부는 다시 데이트를 하고, 아이가 없는 시간을 함께 보내며, 함께할 새로운 활동을 찾아야 한다. 둘만의 노력으로는 안 될 정도로 사이가 벌어졌다면 전문가의 도움을 받을 수도 있다. 두 사람의 관계가 활력을 찾게 되면, 그때는 통일된 양육 목표를 설정하고 조안나의 불량행동에 제동을 거는 일이 훨씬 쉬워질 것이다.

지침2: 개인 치료 산드라는 병적인 자기-회의에 시달리고 있다. 그녀는 의사결정을 어려워하고, 아이의 불량행동에 맞서는 것도 회피한다. 남편과 부딪치기도 싫고 남편의 지원을 요청하는 것도 내키지 않는다. 이 모든 행동이 산드라의 불안감을 증폭시키고 죄책감을 부추기고 있다.

자녀의 불량행동에 괴롭힘을 당하는 많은 부모들이 그런 것처럼, 산드라가 겪고 있는 문제는 그녀의 과거에 깊이 뿌리박고 있으므로 전문가와의 상담이 도움이 된다. 상담을 통해 자신의 감정을 통찰하고, 죄책감이 어떻게 자신을 조종하는지 이해하게 된다. 적절한 개인 치료는 산드라를 자기-회의라는 덫으로부터 벗어나게 해줄 것이다.

또한 산드라는 워킹맘을 지원하는 그룹에 참여할 수 있다. 산드라의 힘겨운 싸움은 많은 여성들이 익히 알고 있는 것이다. 일과 가정 사이의 갈등은 결코 새로운 것이 아니다. 자신과 같은 문제를 가진 동료들의 지원은 큰 위안과 격려가 된다. 무엇보다 고립되었다는 느낌을 없애주고, 산드라가 양육 상의 힘을 강화하고 관계를 재정립하기 위해 구체적 계획을 마련하는 데도 도움을 줄 것이다.

지침3: 청소년 치료 조안나의 불량행동을 부채질하는 것은 무엇인가? 아이는 왜 그렇게 불만이 많은가?

조안나의 삶에 부모가 알지 못하는 감정상의 긴장이 존재할 확률이 높다. 이론의 여지없이, 조안나는 현재 부모의 결혼생활에 갈등을 연출하고 있다. 조안나는 아빠와 친하게 지내는 걸 즐기고 있지만, 엄마를 배제하는 것이 마냥 좋지만은 않다. 부모 중 한 사람과 한통속이 되어 다른 부모와 맞서는 일은 아이에게 심리적 손상을 준다. 그런 관계가 불량행동의 원인이 되는 사례는 흔하다.

　조안나가 엄마를 난폭하게 괴롭히는 것을 수수방관하는 브라이언의 태도에도 문제가 있다. 그럴 때 조안나를 제지하지 않는 것은 아이의 불량행동을 지지하는 것과 마찬가지 결과를 가져온다.

　대부분의 10대들이 그렇듯, 조안나 역시 자신의 두려움을 부모와 공유할 능력이 없을 것이다. 청소년 심리치료 전문가와 함께 작업하면 조안나는 자신의 두려움을 털어놓고 더 많은 지지를 얻을 수 있는 통로를 찾을 수 있다.

· 근심걱정형 부모 ·

☑ 당신은 강박적으로 아이를 걱정하는가?

☑ 당신은 늘 최악의 상황을 생각하는가?

☑ 아이에게 거절당하는 일이 두려운가?

☑ 당신은 아이의 안위에 집착하는가?

☑ 아이가 당신을 배제하면 마음에 상처를 받는가?

☑ 당신은 사회적으로 고립되어 있는가?

☑ 당신의 어린 시절, 불안을 경험했는가?

☑ 갈등이 지속되는 동안 공황 상태에 빠지는가?

☑ 불안하면 두통, 요통 등 물리적 통증이 오는가?

☑ 아이의 부모 노릇을 하기보다는 친구처럼 지내고 싶은가?

근심걱정 많은 부모는 매일 걱정거리를 한 짐씩 지고 다니는 것과 같다. 주변에 떠도는 모든 불안 요소들이 아이에 대한 두려움이나 걱정에 저절로 달라붙는다. 불안을 통제할 수 없게 됨에 따라, 당신은 아이와 관련된 사소한 모든 일에 대해 강박적으로 걱정하기 시작한다.

부모들은 누구나 불안을 경험한다. 부모가 되는 순간, 당신의 세계관은 극단적으로 바뀐다. 이제까지 한 번도 경험한 적이 없는 두려움과 걱정을 품게 되는 것이다. 당신은 아이를 걱정하고, 세상 어디에나 도사리고 있는 위험을 본다.

이 같은 불안이 아이를 지켜야 한다는 충동을 부채질한다. 충동 자체가 잘못된 것이 아니다. 이런 충동은 생명 있는 존재들이 모두 경험하는 사랑의 표현이다. 그런데 당신이 아무리 안간힘을 써도, 삶의 모든 곤경으로부터 아이를 지켜낼 수는 없다(부모의 위기에 관한 상세한 내용은 8장에서 다룰 예정이다).

성장함에 따라 아이는 부모로부터 독립하기 위해 노력하고, 부모들의 근심걱정은 더욱 늘어난다. 부모들은 자신의 불안을 제어하기 위해 아이를 통제하려고 시도한다. 자녀의 삶, 그 모든 측면에 지나칠 정도로 개입하는 것이다. 당연히 이런 개입은 분노와 저항을 불러온다.

슬픈 일이지만 불안한 부모가 아이를 보호하려 하면 할수록, 그 노력은 아이들에게 오해받는 경우가 많다.

근심걱정형 부모는 어떻게 불량행동을 부채질하는가?

불안감이 높은 부모는 아무 상관없는 사람들에게 자신의 두려움을 떠벌리고, 아이들의 능력에 불신을 표하는 등 성질 고약한 수다쟁이가 된다. 아이들 입장에서는 부모의 불안이 자기들을 신뢰하지 못하는 증거라고 받아들인다는 것이 가장 큰 문제다.

"왜 우리 엄마는 나를 믿지 못할까?"
"아빠는 왜 항상 내가 못할 거라고 생각하는 걸까?"
"엄마 아빠의 걱정이 내겐 엄청난 스트레스라는 걸 모르나 봐."

늘 근심걱정인 부모의 잔소리로부터 도움을 받는 아이는 없다. 부모의 불안은 아이들을 짓누르고 결국 아이들이 자기−불신에 빠지게 만든다. 아이들은 부모를 원망하면서, 자신을 보호하기 위해 불량행동을 시작하는 것이다.

근심걱정이 많은 사람 옆에 있는 것 자체가 심한 스트레스 상황이다. 늘 남을 초조하게 만드는 사람과 함께 지낸다는 것은 진이 빠지는 일이다. 결과적으로 어떤 관계라도 손상이 갈 수밖에 없다.

자, 이제 생각을 정리해보자. 무엇이 부모를 그토록 불안하게 만드는가?

죄책감을 가진 부모와 마찬가지로, 근심걱정 많은 부모에게도 역사가 작용한다. 그들은 부모가 되기 전부터 불안도가 높았을 확률이 높다. 아이를 갖는 일이 원래 갖고 있던 두려움을 더 증폭시켰을 뿐이다.

이러한 유형의 부모 중 다수가 자신의 부모님들로부터 감정적 지지와 세심한 보살핌을 받지 못했다. 그런 환경에서 자란 사람들은 성인이 되어서도 타인을 신뢰하지 못한다. 친밀한 관계와 갈등 관계, 둘 다에 부담을 느껴 고립을 자초하는 성향을 보인다. 그들은 친밀한 관계가 거의 없기 때문에 우울감에 빠지거나 자녀에게 지나치게 의존할 위험성에 노출되어 있다.

아이가 성장해 독립을 요구하면, 근심걱정형 부모들은 자신이 거부당하고 버림받았다고 느끼게 된다. 이야기를 더 진전시키기 전에 이러한 유형의 부모가 자녀를 통제하려고 할 때 어떤 역효과를 내는지 살펴보도록 하자.

늘 아들에게 당하는 도로시Dorothy 이야기

현재 상태: 아들 하나를 둔 전업주부이자 싱글맘
양육 스타일: 근심걱정형 부모
아이의 유형: 반항형 불량행동
약점: 사회적 고립, 아들에 대한 과도한 의존

도로시는 열일곱 살 된 아들 스튜어트Stewart를 깊이 사랑한다. 큰 키에 붉은 머리칼을 늘어뜨린 스튜어트는 자신의 록 밴드에서 기타를 연주하는데, 연주 실력도 수준급이다. 그는 자신을 떠받드는 많은 팬도 거느리고 있다(팬들은 그의 슬픈 눈빛에 설렌다고들 한다).

도로시의 집은 마치 '스튜어트 명예의 전당'과도 같다. 수십 장의 스튜어트 사진이 복도를 도배하고 있다. 기저귀를 찬 모습, 처음 앞니가 난 모습, 첫 기타 연주 등등, 스튜어트의 사진을 훑어나가다 보면 이상하게도 최근 모습이 보이지 않는다는 것을 알 게 된다. 웬일인지 열두 살 이후의 사진은 하나도 없는 것이다.

아들의 어린 시절 내내, 도로시는 아이를 위한 저녁을 정성껏 준비했다. 저녁식사를 하며 스튜어트가 그날 있었던 일을 하나도 빠짐없이 이야기하는 동안, 도로시는 행복감에 젖어들곤 했다. 하지만 이제 스튜어트는 아무 말 없이 급하게 음식을 삼킨다. 너무 급하게 먹어 맛이나 제대로 알까 의심스러울 정도다. 금세 식사를 끝낸 아이는 쌩하니 자기 방으로 돌아가 문을 잠근다.

도로시는 스튜어트의 변한 모습에 가슴이 무너진다. 스튜어트가 자신의 생일날 아침, 집에서 저녁식사를 하지 않을 것이라고 말하자 도로시는 망연자실한 표정이 된다. 스튜어트는 도로시의 질문에 짧고 퉁명스럽게 대꾸한다.

"저녁 때 어디 가려고?"

"밖에."

"누구랑 말이야?"

"친구."

"뭐 할 건데?"

"몰라."

도로시는 부들부들 떨면서 안간힘을 다해 소리친다. "아무데도 못 가! 넌 외출 금지야!"

스튜어트가 웃음을 터뜨리며 말한다. "지금 뭐라는 거야?"

오렌지 주스를 한 모금 마신 아이는 토스트를 한 장 손에 쥐고는 현관으로 향한다. 아이의 뒤통수에 대고 도로시가 마지막 힘을 다해 소리친다. "학교 끝나면 바로 집으로 와!"

"내가 왜 그래야 되는데?"

"지금 엄마가 경고하는 거야!"

"도로시, 제발 정신 차려요."

아들이 떠난 후 도로시는 흐르는 눈물을 주체할 수 없었다.

이제 도로시의 과거 깊숙한 곳을 탐색할 시간이다. 자신의 생활에서 결핍된 부분을 메우기 위해, 도로시가 아들과의 관계를 어떻게 이용했는지부터 살펴보자.

외로웠던 어린 시절

초등학교와 중학교 시절 내내, 도로시는 조용한 아이였다. 대인관계가 서툴러서 친구도 몇 없었고, 판타지 소설을 읽는 것이 유일한 낙이었다. 도로시는 어머니로부터 버림받고, 외할머니 패트^{Pat}의 손에 맡겨졌다. 얼마 안 있어 그녀는 외할머니를 보살펴야 하는 처지가 됐고, 또래 친구들이 파티를 즐기거나 대학 진학을 계획할 때 식사 준비를 하고 찬거리를 사야 했다. 외할머니는 도로시가 고등학교를 졸업하자마자 갑자기 세상을 떠났다.

사회적·감정적 고립

도로시는 한 번의 짧은 연애(여기서 묘사하기도 힘든 어색한 관계였다)를 통해 스튜어트를 낳았다. 그녀는 외할머니인 패트가 그랬듯이, 가족이나 배우자의 도움 없이 아이를 키웠다. 스튜어트는 도로시의 변함없는 친구였다. 그러나 사춘기가 되자 모든 상황이 변했다. 아이가 커갈수록 도로시는 자신이 버려졌다고 느낀다.

자기-비판적인 혼잣말

도로시는 자신을 비난하는 혼잣말을 멈출 수가 없다. 별 문제가 없는 날에도 부정적인 목소리가 그녀의 귀에 대고 속삭인다.

"모두가 결국엔 너를 떠나."

"넌 사랑받지 못해."

"스튜어트는 너를 싫어해."

도로시를 위한 지침

도로시는 몇 가지 차원에서 자신이 느끼는 불안에 용감하게 맞설 필요가 있다.

지침1: **사회적 연대** 도로시는 심하게 고립되어 있고 스튜어트에게 과도하게 의존한다. 새로운 관계를 만들고, 의미 있는 일을 찾아내고, 이웃들과 적극적으로 소통하지 않는다면 도로시는 외할머니 패트가 그랬던 것처럼 완전히 세상과 단절될 가능성이 크다.

주체할 수 없는 불안은 갈수록 악화되므로 도저히 견딜 수 없는 지경에 이를 것이다. 최우선 과제는 도로시의 불안을 제어하는 것이다. 그런 다음에야 아들과의 관계에 집중할 수 있다.

지침2: **스튜어트를 위한 상담** 불량행동을 하는 스튜어트도 마음이 편치만은 않다. 아이는 죄책감에 시달린다. 엄마에게 성질을 부리고 반항한 것을 후회하는 것이다. 하지만 엄마가 자신에게 떠안기는 좌절을 견딜 수 없다.

학교에서 스튜어트는 성격도 원만하고 유머 감각도 좋은 아이다. 하지만 집에 돌아와 엄마의 목소리를 듣는 순간 아이는 긴장하게 된다. 도로시가 스튜어트를 안아주려고 하면, 그는 본능적으로 엄마를 뿌리친다. 스튜어트는 한시바삐 엄마로부터 벗어나려고 한다.

아무리 나이를 먹어도 근심걱정 많은 부모는 부담스러운 존재다. 아이들은 부모의 근심걱정에 책임감을 느끼고 자신의 탓으로 돌리는 경향이 있다. 도로시가 눈물범벅이 되어 애원해도 아들의 연민이나 공감을 끌어내지 못하는 이유가 그것이다. 그런 행동은 아들의 분노를 촉발시킬 뿐이다.

남성 치료 전문가와의 상담은 스튜어트에게 특별한 위안이 될 것이다. 스튜어트에겐 아빠를 비롯해 남성 멘토가 있어 본 적이 없다. 아빠로부터 버림받았다는 기억은 자신도 이해할 수 없고 엄마에게도 표현할 수 없는 공허함과 분노를 만들어냈다. 스튜어트는 매일 자신을 이해할 수 없다는 느낌에 시달린다. 남성 치료 전문가와의 상담을 통해 아이는 엄마를 괴롭히지 않고도 긴장을 배출하고 자신의 느낌을 말로 표현하는 방법을 배우게 될 것이다.

지침3: 가족 상담 결론적으로 도로시의 감정적 결핍이 아들의 불량행동을 촉발하고 있다. 도로시가 집착할수록 아들은 더욱 엇나갈 것이다. 스튜어트가 엄마라는 호칭 대신 이름을 불렀다는 것은 둘 사이에 더욱 단단한 감정의 울타리를 치겠다는 상징적 행동이다.

스튜어트의 치료 전문가는 도로시를 포함한 가족 상담 기회를 만들 수 있다. 엄마와 아들 간의 긴장 완화와 의사소통 개선이 일차적 목표가 될 것이다. 두 사람 모두 불량행동이 초래한 결과로 고통스럽기만 하다. 가장 큰 문제는 자신들의 두려움과 불안을 털어놓고 이야기할 수단이 부족하다는 것이다.

노련한 치료 전문가라면 두 사람이 서로에게 상처를 주지 않으면서 자신의 두려움을 털어놓고 얘기할 수 있는 장을 제공할 것이다.

· 해결사형 부모 ·

☑ 아이가 괴로워하면 고문당하는 느낌인가?

☑ 아이의 고통을 막기 위해서는 무슨 짓이라도 하겠는가?

☑ 당신은 아이의 목표보다 더 높은 학교 성적을 기대하는가?

☑ 아이가 자신의 잠재력을 충분히 발휘하지 못한다고 느끼는가?

☑ 당신은 아이의 사소한 일까지 챙기는가?

☑ 아이의 우유부단함을 참아내기 어려운가?

☑ 다른 부모들에게 경쟁심을 느끼는가?

☑ 당신은 아이의 학교 일에 있어 아이보다 더 적극적인가?

☑ 아이의 장래에 대해 확고부동한 비전을 갖고 있는가?

☑ 아이가 당신을 거부하면 상처받았다고 느끼는가?

아이를 위한 일이라면 뭐든 다 하는 부모는 진정 영웅적이다. 그런 부모는 공감 능력이 좋고, 주의 깊으며, 상황 판단이 빨라서 뭔가 잘못되어 갈 때 신속하게 반응한다. 자신의 아이를 좌절로부터 즉각 구해낼 만반의 준비가 되어 있는 것이다.

그들은 아이의 문제를 해결해주는 것을 매우 기뻐한다. 자녀를 만족시키는 일을 즐기고, 자녀가 의존적이 되는 데는 신경 쓰지 않는다. 이런 부모의 기질은 큰 문제가 없어 보인다. 당신 눈에도 그런가? 그런데 왜 그들의 자녀는 불량행동을 하는 걸까?

해결사형 부모는 어떻게 아이를 망가뜨리나?

앞의 여러 사례에서 살펴보았듯 '장애물'은 아이가 견고한 자아의식을 구축하게 해주는 원료다. 자신의 힘으로 도전 과제를 극복할 때마다 아이들은 더 잘 견뎌내는 법을 배우고 자신의 길을 막은 장애물에 대해 인내하는 방법을 터득한다.

좋은 부모라면 이런 과정들이 자연스럽게 펼쳐지도록 지켜본다. 절대 자녀에게 해결책을 강요하거나, 아이를 문제 상황에서 구조함으로써 시간을 절약하려 들지 않는다. 그 결과, 아이들은 견고한 감정의 핵 emotional core 을 만드는 데 필요한 자신감과 확신을 발달시킨다. 우리 모두는 도전을 이겨내는 승리의 순간에 자신이 누구인지 발견하기 때문이다.

건강한 좌절은 아이의 발달 단계를 순항시키는 동력이다. 아이들은 걸음마를 배우고, 숟가락을 사용하고, 연필을 쥐는 일 같은 단순한 과제와 씨름한다. 새로운 스킬을 습득할 때마다 더 성숙해질 뿐 아니라 자기-확신과 자기-신뢰라는 자산을 획득한다.

해결사형 부모는 이런 과정을 와해시킨다. 번번이 아이를 좌절로부터 구출함으로써, 성장 기회를 박탈하고 발달 과정의 틈을 만든다. 이내 아이는 부모가 자기 주위를 어슬렁거리는 것에 분노하기 시작한다. 그 결과, 부모에게 의존하는 상태를 극복하지도 못한 상태에서 불량행동을 하게 된다. 이런 상황은 아이들이 건강하지 못한 특권의식을 갖도록 부추긴다.

건강한 좌절을 환영하자

아이에게 모든 것을 해주는 부모는 아이가 겪는 좌절을 자연스럽다고 생각하지 못한다. 아이가 힘들어 한다고 판단하면 곧바로 구출 모드로 돌입한다.

부모는 아이를 구하고 있다고 생각하겠지만, 사실은 자기 자신을 구하는 것이다. 아이의 문제를 해결함으로써 아이가 아닌 자신의 좌절이나 불편한 느낌을 해소하려 한다. 감당할 만큼의 좌절은 건강한 것이며 아이들의 정서 발달을 위해 필요하다는 사실을 인정하지도 않는다.

고등학생 자녀를 둔 한 엄마는 이렇게 말한다. "내가 없으면 우리 아들은 아무것도 못해요. 아이가 성공하기 위해서는 내가 옆에 있어야만 해요."

정말 위험한 생각이다. 만약 그게 사실이라면 부모가 죽고 난 후에 아이는 어떻게 살아간단 말인가? 아이가 자신에게 의지하도록 하는 것이 당장은 만족스러울지 몰라도, 장기적으로는 어떤 도움도 되지 않는다.

아이에게 뭐든 다 해주는 해결사형 부모가 어떤 식으로 행동하는지 살펴보고, 그런 행동이 아이에게 초래하는 문제를 검토해보자.

Case Study

. . . .

아들바보 에드워드Edward 이야기

현재 상태: 기혼, 아이 하나를 둔 맞벌이 부부
양육 스타일: 해결사형 부모
약점: 자녀 주위 맴돌기, 아이 생활의 세세한 부분까지 개입하기

다섯 살배기 테디Teddy는 늘 바쁘다. 아이는 물건을 조립하고 수리하기를 좋아하는데, 교실에 있는 연필깎이가 막혔을 때도 그 문제를 해결했다. 거실

의 라디에이터에서 물이 떨어지면 테디는 금방 작고 빨간 양동이를 그 아래 받쳐놓는다.

테디의 아빠인 에드워드Edward는 30대 초반의 투자 전문가로, 아빠 역할을 하는 것을 매우 기뻐한다. 매일 아침, 에드워드는 테디가 옷 입는 것을 도와주고, 아침식사를 준비한다. 에드워드는 하나뿐인 아들의 응석을 다 받아준다.

요란한 아침식사가 끝나면, 에드워드는 테디를 자전거에 태우고 학교에 데려다준다. 그는 자전거 뒷자리에 앉아 깔깔거리는 아들의 웃음소리를 듣는 것이 가장 행복하다.

에드워드와 테디는 학교에 도착하면 늘 하던 대로 한다. 테디는 겉옷과 책가방을 사물함에 넣고, 에드워드는 테디의 담임교사와 아이의 공부와 관련된 수다를 떤다. 에드워드는 다른 부모들과 인사를 나누고, 함께 놀게 할 시간을 약속하고, 동화책을 교환한다.

에드워드가 부모들과 수다를 떠는 동안, 테디는 놀이 구역에 앉아 어제 시작한 작은 모형 비행기 만드는 일을 시작한다. 작은 손가락으로 부품을 제 자리에 맞춰 넣는 게 힘이 드는지 테디의 손이 바르르 떨린다. 마침내 비행기의 날개를 붙인 테디가 두 팔을 들어 승리의 몸짓을 하더니, 곧바로 프로펠러를 붙이는 작업에 들어간다.

하지만 프로펠러를 연결하는 작업은 테디가 상상했던 것보다 더 큰 좌절감을 주는 일이었다. 테디는 안간힘을 써서 도전 과제를 해내려고 노력한다.

테디의 찌푸린 얼굴이 눈에 들어온 순간, 에드워드는 가슴이 철렁 내려앉는다. 그는 아들이 힘들어하는 모습을 보는 것이 괴롭다. "아들, 무슨 일이야? 비행기 만드는 거야?" 에드워드는 테디에게서 비행기를 가로채더니 프로펠러를 제 자리에 고정시킨다. "이것 봐, 쉽지?"

테디의 얼굴이 살짝 붉어지더니 금세 눈물이 글썽인다. 아이가 심리탈진meltdown을 일으켰음을 눈치챈 에드워드가 무릎을 꿇고 아들을 품에 안는다.

아이는 아빠 품에서 벗어나려 발버둥치며 비행기를 산산조각 부수어 카펫 위에 뿌린다.

"너를 위해서 그런 거야. 테디, 제발 이러지 마."

테디가 자신의 머리를 탁자에 찧어대자 이마 한가운데 붉은 반점이 생겨난다. 기겁한 에드워드가 애걸한다. "하지 마, 테디! 그러다 다쳐!"

바로 그때, 에드워드의 휴대폰이 울린다. 그는 사무실 미팅에 늦었음을 깨닫는다. 에드워드가 갑자기 테디의 등을 다독이더니 떠날 채비를 한다. "아빠는 회사에 가야 해. 좋은 하루 보내라, 아들."

테디가 조립용 블록을 에드워드에게 던지며 소리친다. "아빠 바보야!" 테디의 목소리가 교실을 울리고 거기 있던 모든 사람들이 돌아본다. 에드워드는 몸 둘 바를 몰라 하며 아이를 달래지만 테디는 쉽게 진정되지 않는다.

에드워드는 상처와 좌절을 품은 채 회사로 향한다. 테디는 왜 그렇게 폭력적으로 반응했을까? 왜 아빠의 마음을 몰라주는 걸까?

에드워드의 어린 시절

유통회사의 지역 책임자였던 에드워드의 아버지는 길에서 살다시피 했고 집에 있는 일이 드물었다. 에드워드는 아버지의 관심을 갈구했지만, 아버지는 늘 지쳐 있었고 아들과 놀아줄 기운이 남아 있지 않았다. 그는 스스로에게 다짐했다. 자신이 아버지가 되면 아이들을 절대 방치하지 않겠다고.

그런데 오늘 에드워드는 '아빠'와 '직장인'이란 역할 사이에 낀 자신을 발견했다. 테디의 학교 행사에 빠짐없이 참석하고 있지만 늘 그것도 부족하다고 느끼는 것이다. 에드워드가 더 스트레스를 받는 것은 최근 회사의 홍보 프로젝트 때문에 주말마다 출장을 가야 한다는 사실이다. 이것은 불행했던 관계를 되새기게 만드는 딜레마다.

에드워드는 아들을 방치하는 일 없이 가족의 생계를 유지할 수 있을까?

뭐든 다 해주는 습관

에드워드를 성공적인 투자 전문가로 만들어준 재능, 즉 해결사로서의 재능을 자녀 양육에 적용하면 재앙이 된다. 테디를 심리탈진으로 몰고 가는 것이 바로 에드워드의 해결사 재능이다.

테디는 비행기를 조립하면서 도움을 청하지 않았다. 그는 아들을 곤경에서 구해냈다고 생각했겠지만, 실제로는 자신의 힘으로 문제를 해결하고 싶다는 아들의 욕구를 훼손한 것이다. 그가 비행기의 프로펠러를 조립했을 때, 에드워드는 테디의 승리를 훔친 꼴이 되었다.

물론 어쩌다 생긴 사소한 사건이라 생각할 수도 있다. 하지만 이처럼 '내가 다 해줄게' 식의 사건이 반복되다 보면 정말로 큰 문제가 잉태된다.

에드워드의 응석 받아주기

지나치게 '오냐오냐' 하는 것이 불량행동과 특권의식의 무대를 만들어준다. '응석'은 아주 오래 전부터 존재한 개념이다. 내게 '응석'이란 단어는 맛이 간 우유를 떠올리게 한다.

당신이 아이의 모든 요구를 들어주는 일을 반복하게 되면 아이가 책임감을 갖게 하는 일에 실패할 것이고, 아이는 과장된 특권의식을 발달시킨다. 세상 모든 사람들이 자신의 부모처럼 자신에게 봉사해야 한다고 기대하는 것이다. 타인은 결코 자기 부모처럼 헌신적이지 않다는 것을 깨닫는 순간, 아이는 자신이 거부당했다고 느낀다. 그 결과 또래 아이들과의 건강한 관계는 물 건너가고 만다.

아빠가 응석을 받아줌으로써 테디는 큰 대가를 치러야 한다. 또래와 잘 어울리지 못하고, 선생님이 자신만을 도와주어야 한다고 생각하며, 어려운 과제를 끝까지 해내기 어려워한다. 아빠가 응석을 받아주면 줄수록, 스스로 할 수 있는 일이 적어진다.

에드워드를 위한 지침

이제 아이의 인생에 필요한 걸 다 해주고 싶은 충동을 해결하기 위해, 에드워드가 시작할 수 있는 몇 가지 방법에 대해 얘기할 차례다.

지침1: 아동 발달에 관해 공부하자　에드워드는 탐구하는 일을 좋아하니, 아동 발달에 관련된 책을 권하고 싶다. 자신의 아들이 갖고 있는 발달 욕구를 이해하는 데 도움이 될 것이다. 아버지의 역할에 대한 이해와 아동기에 대한 심리적, 교육적 접근을 통해 좌절의 중요성을 이해하고 아들에게 뭐든 다 해주고 싶은 충동을 자제할 방법을 익힐 수 있다.

테디가 어떤 과제를 완수하기 위해 애를 쓸 때, 한 걸음 물러서는 자세가 필요하다. 아이 인생의 문제를 직접 해결해주는 것은 좋지 않다. 옆에서 지켜보다가 아이가 원할 때 개입하는 자세가 필요하다.

지침2: 양육의 책임을 배우자와 나누자　테디에게 필요한 모든 것을 제공하겠다는 에드워드의 결심은 진심에서 우러난 것이지만, 실질적으로 불가능한 얘기다. 에드워드는 아이에게 과도한 관심을 쏟음으로써 어린 시절 자신이 홀대받았다는 느낌을 지우고 있는 중이다. 에드워드는 지금 부모 탈진 증후군에 떨어질 위험에 처해 있다. 양육에 관한 일이라면 자신이 다 해내야 한다고 생각하기 때문이다.

어떤 부모도 자녀가 필요로 하는 모든 곳에 존재할 수는 없다. 그는 한 걸음 물러나 아내와 양육 상의 책임을 나눌 필요가 있다. 그의 아내는 기꺼이 테디를 학교에 데려다주고 아침식사를 준비할 것이다. 에드워드의 아들 사랑은 거의 통제가 필요한 수준이다. 그의 맹목적인 사랑은 아들에게서 엄마를 배제시킴으로써 균형 잡힌 양육을 방해하고 있다.

지침3: 아이의 책임감을 길러주자 관대함은 좋은 성향이지만 자녀 양육에 있어서는 아닐 수도 있다. 테디에게 일정한 책임을 지우는 것은 꼭 필요한 일이다. 식사 후에 식탁을 닦는다든지, 자기 방을 정리한다든지, 장난감을 제자리에 갖다 놓는다든지 하는 일 말이다. 당연히 아이는 저항하겠지만, 단호한 자세로 테디가 자신이 맡은 일을 해내도록 격려해야 한다. 그래야 아이는 불건강한 특권의식에서 해방되고 감사하는 마음도 키울 수 있다.

집안일을 통해 아이는 책임감을 발달시키고 다른 사람을 배려하는 태도도 배울 수 있다. 아이가 책임감을 가져야 자기 자신과 환경에 대해서도 만족하게 된다. 타인의 관대함을 당연한 것으로 여기거나, 자신의 부모에게 불량행동을 하기 보다는 자신의 욕구를 타인과 조화시키는 방법을 배우는 것이다.

자녀에게 필요한 것은 '헌신'이 아니라 '지지'다. 다음 장에서 우리는 부모와 자녀에게 적절한 양의 힘을 부여함으로써 불량행동을 없애는 방법을 배우려고 한다.

6장

당신과 자녀 모두가
행복해지는 방법

이제 자녀의 불량행동으로 괴롭힘을 당하는 부모가 어떻게 만들어지는지 이해가 될 것이다. 요약하자면 당신의 개인적 역사, 두려움, 불안이 그것이다. 당신은 자신의 양육 스타일과 아이의 불량행동 유형을 모두 확인했다. 이번 장에서는 아이의 불량행동을 없애고 부모–자녀 관계의 균형을 맞출 수 있는 도구들에 대해 알아볼 것이다.

명심하자, 세상의 부모와 자녀는 모두 다르지만 불량행동을 끝낼 수 있는 도구는 동일하다. 당신이 남들과 다른 방식으로 망치를 휘두를 수는 있겠지만, 중요한 것은 당신이 못을 박고 있다는 사실이다. 바꿔 말하자면, 당신이 그런 도구들을 적용하는 방식은 당신과 당신의 자녀가 어떤 정체성을 갖고 있느냐에 따라 달라질 수 있다.

새로운 도구로 작업하는 일이 처음엔 좀 부자연스럽게 느껴지겠지만, 얼마 안 있어 그 도구들에 대해 감사하게 될 것이다. 이번 장의 목표는 당신의 리더십을 강화하고 자녀와 더 건강한 관계를 만들어내는 것이다. 건강한 관계란 부모와 자녀에게 적절한 힘을 부여하여 자녀의 불량행동을 끝낼 수 있는 역학관계를 말한다.

· 행복한 양육을 위한 도구상자 ·

이른 아침, 내게 상담을 받았던 한 싱글맘에게서 연락이 왔다. 그녀는 지하 세탁실에서 전화하는 중이었다. 신이 난 목소리로 그녀가 속삭이는 동안, 건조기가 돌아가는 소리가 들렸다. "어젯밤에 딸아이와 함께 외출했어요! 거의 세 시간 동안이나 얘기했다고요!"

그녀의 목소리는 흥분으로 떨리고 있었다. 몇 달 전까지 모녀는 서로를 향해 경멸만을 표현했다. 아이의 삶에서 엄마가 완벽하게 배제되었다고 해도 지나친 말이 아니었다. 이제 아이는 마음을 열고, 자신의 두려움과 걱정을 엄마와 나눈다. 마침내 새로운 관계가 시작된 것이다. "내가 딸을 되돌린 것 같아요." 그녀가 말했다.

맞다, 그녀가 해냈다. 모녀의 관계는 더 나은 상태로 돌아왔다. 더 이상 권력 투쟁과 통제에 빠지는 일 없이, 둘의 관계는 상호 존중에 기반하게 되었다.

그녀는 어떻게 이런 결과를 만들어냈을까? 그녀는 이 책의 6장과 7

장에 소개된 양육 도구들을 사용했다. 먼저 자신의 목표를 설정했고, 아이와 새롭게 만들어갈 관계가 무엇인지 명확히 했으며, 자신의 행동에 책임을 지고 자신의 감정을 관리하는 방법을 배웠다. 나는 그녀가 상담 받기 전 대기실에서 양육 일지를 기록하는 모습을 자주 보았다. 그녀는 최선의 결과를 바란 것이 아니라 최선의 노력을 기울였다.

결론적으로 그녀는 감정적 핵심emotional core을 강화함으로써 아이의 불량행동을 견딜 수 있었다. 아이가 막말을 하며 대들 때도 그녀는 평정을 유지했다. 자신의 양육에 관한 죄책감이나 불안이 몰려올 때, 그녀는 자신의 목표를 되새기며 용기를 잃지 않았다. 문제의 무게에 짓눌려 압도당하는 느낌이 들었을 때는 자신을 도와줄 팀에게 지원을 요청했다.

매일 밤 그녀는 과거의 낡은 습관으로 되돌아가지 않겠다는 각오를 새로이 했다. 마침내 그녀는 딸과의 관계에 새로운 전환점을 만들어냈고 불량행동이 사라진 가정으로 되돌아갈 수 있었다.

· 내면을 단단히 하는 작업 ·

지금부터 우리는 내면의 작업에 초점을 맞출 것이다. 당신 내면의 비판자를 제압하고 집안에서 불량행동을 완전히 몰아내겠다는 결심을 강화하는 것이 내면의 작업이다.

자녀로부터 빈번하게 괴롭힘을 당하는 부모의 내면은 자기-불신과 부정적 혼잣말, 두려움이 지배한다. 아이와의 관계를 재설정하기 위해서는, 책의 초반부에서 이야기한 양육 일지 쓰기와 자기-분석과 같은 작업부터 시작해야 한다. 이번 장에서는 이미 배운 것들을 토대로 불량행동을 끝장낼 수 있는 구체적 전략을 제시할 것이다.

그 전략은 다음의 3단계 조치로 요약된다.

1. 당신의 비전을 고수하라.
2. 당신의 행동에 책임을 져라.
3. 당신의 감정을 다스려라.

이 3가지를 당신의 마음 맨 앞자리에 두도록 하자. 이 조치들은 아이의 불량행동으로부터 받은 상처를 완화하고, 곤경에 처한 당신에게 안정감을 제공할 것이다.

· 1단계, 당신의 비전을 고수하라 ·

우선 당신은 아이와의 새로운 관계에 대한 비전을 가질 필요가 있다. 비전은 어려운 시기에 집중력을 유지할 수 있게 해주고, 나쁜 습관을 없애도록 당신을 격려해준다. 자녀의 불량행동에 괴롭힘을 당하는 부모들은 부모-자녀 관계를 악화시켜 끝없는 잔소리나 말싸움, 애원으로 얼룩진 상태가 될 때까지 내버려두는 경향이 있다. 그래서 부모로서의 리더십을 약화시키고 신뢰감을 갉아먹는 부정적 사이클에서 빠져나오지 못하는 것이다.

비전을 가진다는 것은 최종 목적지(불량행동에서 해방된 관계)로 가기 위한 로드맵을 잃지 않는다는 의미다. 분명한 종착점을 보고 있기 때문에, 당신은 일이 어려워질 때도 길에서 벗어나 방황할 가능성이 줄어든다.

Case Study

아들 앞에서만 작아지는 아서Arthur 이야기

아서가 아들 단테Dante 때문에 골머리를 앓은 지는 꽤 오래되었다. 190센티미터의 키에 113킬로그램의 몸무게를 자랑하는 아서는 누구도 못 말리는 '해결사형' 부모였다.

아서는 살면서 화를 내거나 목소리를 높인 적이 거의 없었다. 아니, 그럴 필요가 없었다. 그의 트레이드마크인 얼음장 같은 침묵과 싸늘한 눈빛만으로도 상대방을 제압하고 논쟁을 끝낼 수 있었기 때문이다.

아서는 이런 기질 덕분에 어린 시절을 편히 지냈다. 뉴욕 브루클린의 가난한 동네에서 성장한 그는 세상물정에 밝은 탓에 그럭저럭 살아갈 수 있었다. 고등학교 졸업 후에는 대학 진학을 포기하고 지역의 공구점에서 사회생활을 시작했다. 스물세 살에는 공구점의 지배인이 되었고, 스물여덟 살에는 공구점의 주인이 되었다. 현재 마흔 살이 된 아서는 3개의 공구점 사장이면서 4번째 공구점을 낼 계획을 추진 중이다.

아서는 사업에 있어서는 공정하다는 평을 받고 있었지만, 아무도 그와 말을 섞거나 엮이려고 하지 않았다. 감히 그에게 도전하려는 사람도 없었다. 단지 아들 단테만 예외였다.

단테는 열여섯 살이 되자 아버지와 체구가 비슷해졌다. 아들의 몸이 커지는 것과 비례해 아서가 이성을 잃고 성질을 부리는 경우가 많아졌다. 아서는 남에게 무시당하는 것을 병적으로 싫어했는데 아들이 바로 그 짓을 하고 있었다. 단테처럼 반항적 불량행동을 하는 아이들은 부모의 어떤 부분이 취약한지 매우 잘 안다.

'불량행동'이란 단어는 부모에게 소리를 질러대고 걸핏하면 형제들과 다투는 아이의 이미지를 떠올리게 하지만, 꼭 그런 공격적 양상을 보이는 것만은 아니다.

조용한 반항의 한 형태인 '수동적 공격행동'은 폭력적 행동 못지않게 부모의 울화통을 터지게 만든다. 아이가 부모의 말을 무시하고 일절 반응을 보이지 않으면, 대부분의 부모는 거의 미칠 지경이 된다.

수동적 공격행동은 부모-자녀 관계에 있어서의 권력 역학을 뒤바꾸는 경우가 많다. 아이들은 감정을 내보이지 않으면 자신들이 주도권을 가질 수 있다는 사실을 발견한다. 그런 아이들은 부모가 자신을 통제하려 하면, 말없이 부모를 거부한다.

이러한 의도적인 의사소통 단절은 부모를 조종하고 자신이 원하는 것을 얻는 한 가지 도구가 된다. 이 도구가 어떻게 작용하는지 아서와 단테의 관계를 통해 알아보자.

곤란한 순간들

거의 매일 아침 단테는 늦잠을 자고, 해야 할 집안일을 빼먹고, 학교에 지각을 하곤 한다. 아서는 아들의 그런 무질서한 생활 습관을 견딜 수 없다.

"단테! 어서 일어나! 이러다 학교에 늦겠다!"

"단테! 아빠가 재활용 쓰레기를 내놓으라고 했잖아!"

"단테! 자동차 키를 어디에 둔 거니?"

단테는 자신의 방 침대 위에서 아빠의 목소리를 듣는 경우가 많지만, 절대 대꾸하지 않는다. 5분이 지나면 아서는 더이상 참지 못하고 울화통을 터뜨리고 만다.

단테 본인은 인정하지 않겠지만, 아이는 아빠를 '미치게 만드는' 힘을 즐긴다. 수동적 공격행동은 아빠의 시시콜콜한 트집과 잔소리에 대한 복수다. 아서가 번번이 폭발함으로써 둘 사이의 좋은 감정은 바닥이 났고, 결국 아들은 아빠를 미워하기 시작했다. 어린 시절에는 부자가 하키와 낚시를 즐기며 즐거운 한때를 보냈지만, 이제는 서로에 대한 원망과 언쟁으로 대부분의 시간을 보내고 있다.

도움을 청하는 전화

아서가 상담 약속을 잡기 위해 내게 연락을 해왔다. 그는 업계의 평가 그대로 솔직 담백한 성격이었다. "아들 문제로 전화 드렸습니다. 하지만 진짜 도움이 필요한 사람은 저일 거라고 생각합니다."

아서는 자신의 성질머리가 문제인 줄 알고 있었지만 어떻게 욱하는 행동을 제어해야 할지, 특히 단테가 화를 돋울 때 어떻게 대응해야 할지 전혀 알지 못했다. "저는 평생 쿨한 사람Cool Hand Luke(*폴 뉴먼 주연의 영화 제목이자 주인공의 별명–옮긴이)이었는데, 아들하고 있을 때는 고질라Godzilla(*영화 제목이자 영화의 주인공 괴물 캐릭터–옮긴이)가 되고 맙니다." 아서의 말이다.

나는 아서가 자신을 억제하는 테크닉을 개발하도록 도움을 주고, 부자 관계에 있어 새로운 비전을 설정하는 일에 초점을 맞췄다. 그 비전은 아서가 얼마나 극기self-mastery 하느냐에 따라 성패가 갈릴 것이다.

아서는 곤경에 처한 순간 자신을 진정시켜줄 간단한 문장을 만들었다.

"내가 이성을 잃으면, 아들을 잃는다If I lose my temper, I lose my son."

시작은 순탄치 않았지만 아서는 열심히 노력했고, 노력은 결실을 맺기 시작했다. 아들이 자신을 무시할 때 소리를 지르고 싶은 충동을 억제했다. 분노가 끓어오를 때면, 아서는 집밖으로 나가 오랫동안 산책을 했다. 걸으면서 그는 자신의 비전과 목표에 대해 생각했다. 자신이 한 번 욱하면, 아들과의 관계는 몇 주 동안 타격을 입게 될 것이란 사실을 떠올렸다.

산책에서 돌아오면 아서는 훨씬 평온해졌고 낙관적인 기분까지 들었다(그는 치료 작업을 하는 동안 신발이 세 켤레나 떨어졌다고 말한다). 산책은 자연스러운 긴장의 배출구가 되었으며, 기분을 안정시킬 시간과 장소를 제공했다.

어느 날 밤, 아서는 아들 방의 문이 활짝 열려 있는 것을 보았다. 드문 일이었다. 아서는 등을 보인 채 책상에 앉자 숙제를 하고 있었다. 단테는 아서의 가족 중 대학에 다니게 될 첫 번째 인물이었다. 아서는 마음 가득 자랑스러움을 느꼈다.

아서가 헛기침을 한 후 조용히 말했다. "아빤 더이상 네게 소리 지르지 않을 작정이다. 아빠를 원망하는 게 어떤 기분인지 나도 잘 알 거든. 그동안 미안했다." 단테는 꽤나 놀란 눈치였다. 아빠가 이런 식으로 말하는 건 처음이었기 때문이다.

"내가 너를 자랑스러워 한다는 걸 알아줬으면 한다." 아서가 말을 이었다. "네가 대학생이 된다고 생각하니 정말 뿌듯하구나." 말을 마친 후 아서는 단테의 방문을 조용히 닫아주었다.

그 순간, 단테의 마음속에서 뭔가 크게 움직였다. 평생 처음 아빠가 감정을 가진 사람으로, 자신을 이끌어줄 진정한 어른으로 생각되었다. 그 후 단테의 반항은 훨씬 줄어들었다.

아서가 충동적으로 반응하지 않게 됨에 따라, 아들과의 관계는 긍정적인 방향으로 바뀌어갔다. 아서는 비전을 갖고 자신이 앞으로 나아가고 있음을 믿었다. "비전을 고수했기에 아무것도 할 수 없던 그 순간에도 희망을 가질 수 있었습니다." 아서가 후일에 고백한 말이다. "내가 이성을 잃으면 아들을 잃는다, 이 간단한 문장이 당장의 힘든 순간 너머를 보게 해주었고, 결과적으로 얻게 될 보상에 집중하게 만들었지요."

당신의 새로운 비전

깊은 숨을 한 번 들이켜라. 몇 번 들이쉬고 내쉬어도 좋다. 이제 당신 아이의 긍정적인 자질에 대해 생각해보라(제발 부탁이다. 당신 아이는 분명 긍정적인 자질을 갖고 있다). 이제 그것들을 차례로 숙고해보자.

▶ 당신은 아이의 어떤 점을 가장 자랑스러워하는가?

▶ 당신은 아이와 함께하는 순간 중 어떤 때가 가장 즐거운가?

▶ 당신 아이의 어떤 재능이 당신을 기쁘게 만드는가?

다음에는 아이가 불량행동으로 당신을 괴롭히기 전, 아이와 즐거웠던 추억을 떠올려 보라. 당신과 아이 모두가 좋아했던 활동을 했던 기억이 있을 것이다.

▶ 아이와 함께 어디를 갔었는가?

▶ 아이와 함께 무엇을 했는가?

▶ 즐거웠던 추억은 언제 끝났는가?

비전 개발을 시작하면서 명심할 것은 어떤 관계도 항상 좋을 수는 없다는 사실이다. 맑은 날이 있으면 궂은 날도 있다. 하지만 아이와 보냈던 즐거운 시간이 많을수록 묵은 갈등을 해결하는 데 걸리는 시간이 줄어든다는 것은 확실하다. 이 책의 1장에서 나는 내 경험을 털어놓았다. 매주 딸아이와 아침식사를 하는 단순한 일이 딸과의 관계를 새로운 방식으로 설정하게 해주었다.

아이가 불량행동을 하는 동안 단순화시킨 한 문장을 염두에 두면 안정감을 얻는다는 사실을 많은 부모들이 체험했다. 중심을 잃고 충동적으로 반응하려는 자신을 직시하고 집중력을 잃지 않게 해주는 것이다. '내가 이성을 잃으면, 아이를 잃는다'는 아서의 문장은 완벽한 사례다. 부모들이 개발한 다른 문장들은 다음과 같다.

"나는 부모다. 그것을 증명할 필요는 없다."
"나는 내 감정보다 강하다."
"감정은 내 행동을 결정하지 못한다."

잠시 시간을 내서 당신 자신의 문장을 만들어보라. 그 문장이 극기를 향한 당신의 위대한 투쟁을 직접 표현하게 만들어야 한다는 것을 잊지 말라.

▶ 아이에게 괴롭힘을 당할 때, 당신을 압도하는 감정은 무엇인가?
▶ 집중력을 유지하기 위해 진정시켜야 할 불안이나 두려움은 어떤

것인가?

▶ 아이에게 괴롭힘을 당하는 순간, 당신을 도울 수 있는 한 문장을 생각해낼 수 있는가?

다시 아서와 단테의 사례로 돌아가자. 아서가 감정 폭발을 제어하고 둘 사이에 들끓던 적의를 끝장냈을 때, 둘의 관계는 극적으로 개선됐다. 하지만 그것으로는 미흡하다. 인내와 자제가 도움이 되긴 했지만, 비전을 성취하기 위해서는 좀 더 나아가야 한다.

새로운 관계를 쌓기 위해서는 견고한 토대가 필요하고, 그것은 아버지와 아들이 함께할 수 있는 긍정적 활동들일 것이다. 그런 연후에라야 비로소 두 사람의 관계는 진정한 성장을 이룰 수 있다.

사실 이것은 큰 도전이다. 생각해보라. 단테와 아서가 아무것도 함께하고 싶어 하지 않게 된 것은 꽤 오래 전 일이다. 도대체 어떻게 해야 두 사람이 친밀감을 회복할 수 있을까?

아서는 하키 경기 관람권을 내밀어 아들을 놀라게 했다. 그 후에 두 사람은 집에서도 함께 하키 경기를 시청했고, 좋아하는 팀을 응원하면서 스포츠 팬이라면 익히 알고 있는 기쁨과 슬픔을 공유하는 관계가 되었다.

그다음, 아서는 단테가 가게에서 일하는 시간을 줄여주었다. 단테에겐 그것만으로도 놀랄 일이었는데, 아빠의 말은 더 충격적이었다. "난 네가 대학에 가는 일에 집중했으면 한다. 볼트와 너트를 파는 일보다 네 인생을 위해 매진하길 바란다."

그때까지 단테는 은연중에 아빠의 사업을 도와야 한다는 압박을 느끼고 있었다. 사실 그것은 두 사람을 갈등하게 만든 숨겨진 원인이었다. 단테는 아빠의 암묵적 기대에 스트레스를 받았고 그것이 두 사람의 관계에 긴장을 가져왔던 것이다.

아서의 선언은 이렇게 모든 갈등을 종식시켰다.

하지만 완전한 해결은 아서가 다른 도시에서 열리는 하키의 플레이오프 경기 티켓을 구입했을 때 이루어졌다. 플레이오프 경기를 보러 간다는 것은 둘이 사흘 동안 여행을 한다는 의미였다. 단테가 초등학생이 된 이후로 두 사람만의 시간을 가진 적은 없었다.

아서의 아내인 도나Donna는 회의적이었다. "남편이 제 정신이 아닌 것 같아요. 서로 으르렁거리며 못 잡아먹어 안달이더니, 이제는 둘이서 여행을 간다네요."

아무튼 부자는 경기를 보러 짧은 여행을 떠났고, 그 여행에서 아서는 아들과 번갈아 운전을 했다. 그것은 아들에게 신뢰를 표하는 또 하나의 결정이었다. 사흘 후, 아서와 단테는 이른 아침에 집으로 돌아왔다.

도나는 두 사람의 행동을 보며 어안이 벙벙했다. 그녀는 당시의 일을 이렇게 회상했다. "남편과 아들이 응원하는 팀이 지는 것을 TV로 지켜보면서 최악이라고 생각했죠. 아서는 분명 기분이 바닥일 거고, 단테는 눈치도 없이 투덜댔을 테니까요. 그런데 내가 본 것은 완전히 그 반대였어요. 둘이 큰 소리로 웃으며 현관으로 들어오더라고요! 도대체 무슨 일인가 싶어 다가갔더니, 두 사람은 손을 저어 나를 막더군요. 마치 두 사람만의 비밀을 알려주고 싶지 않다는 듯이요. 그 여행은 우리 가족 전체의 진정한 전환점이었어요."

· 2단계, 당신의 행동에 책임을 져라 ·

자녀와 새로운 관계를 만드는 일에 성공한 부모들은 세 가지 공통점을 갖고 있었다.

1. 그들은 자신의 행동에 책임을 졌다.
2. 그들은 자신들의 선택이 가져올 충격을 이해했다.
3. 그들은 자신의 부정적 성향을 바꾸기 위해 열심히 노력했다.

지금부터 나는 아이와 관련된 당신의 행동에 온전히 책임을 지라고 요구할 것이다. 그 전에 꼭 기억해야 할 것이 있다. 본을 보이는 것(롤 모델이 되는 것)이 말로 하는 것보다 훨씬 강력하다는 사실이다. 당신 아이가 몇 살이든, 아이는 당신의 설교가 아니라 당신의 행동을 따른다.

불량행동을 끝내는 가장 확실한 방법은 아이에게 원하는 행동의 모범을 당신이 직접 보여주는 것이다. 자녀에게 괴롭힘을 당하는 부모 대부분은 순간적으로 자신의 감정에 항복함으로써 본을 보이는 일에 실패하고 만다. 예를 들어보자.

▶ 아이에게 존경을 원하면서, 자녀들을 존중하는 방식으로 대하지 않는다.
▶ 아이들에게 자신의 말을 경청하라 요구하면서, 아이들의 말에 귀 기울이지 않는다.
▶ 아이가 부모를 괴롭히는 행동을 그만두길 간절히 바라면서, 자신 은 아이를 계속 괴롭힌다.

불량행동을 촉발하고, 당신에 대한 아이의 신뢰를 훼손하고, 당신을 궁지로 모든 행동을 멈추게 하려면 무엇보다 감정 조절이 필요하다.

・ 3단계, 당신의 감정을 조절하라 ・

자녀로부터 괴롭힘을 당하는 부모들의 감정 상태에 대해 생각해보자. 아이가 불량행동을 하는 동안, 부모들을 압도하는 감정은 대부분 부정적이다. 부모의 감정이 온통 부정적일 때라면 양육 상의 의사결정에 필요한 명료함과 에너지를 불러오는 것이 불가능하다. 당신의 마음챙김 상태를 무너뜨리는 이러한 감정들에 맞서는 최선의 방법은 의식적으로 감정을 긍정적 방향으로 돌리는 것이다.

나는 오래된 부정적 습관을 멈추고 긍정적 습관을 시작하기 위해 꼭 해야 할 것들을 4단계로 구성했다. 각 단계들은 아이가 불량행동을 하는 순간에 당신이 에너지를 고양하고 마음챙김 상태를 유지하게 도와주는 방법들이다.

당신의 내면세계를 말끔히 청소하는 가장 중요한 단계로부터 시작해보자.

1. 자기-비판 멈추기

왜 부모들은 아이가 자신에게 못되게 굴도록 내버려두는가? 핵심적 이유는 자신을 벌주려는 생각과 태도들이다. 잘못된 혼잣말을 없애기 위해서는 당신 내면에 숨어 있는 비평가부터 해고해야 한다. 즉 두려움과 불안이 당신을 지배하도록 방치하는 일을 멈춰야 한다는 의미다.

당신을 비난하는 일은 일종의 자기-학대다. 아이들은 직관적으로 그런 사실을 알아차린다. 부모가 스스로에 대해 갖고 있는 생각, 느낌,

태도를 고스란히 자신의 행동에 반영하는 것이다.

관점을 바꾸는 것이야말로 모든 것을 변화시키는 힘이다. 당신이 자신을 소중히 대할수록 아이는 당신을 더 존중할 것이다. 물론 당신 내면의 비평가를 내쫓는 일은 하룻밤 사이에 이뤄지지 않는다.

당신에게 끝없는 험담을 해대는 내면의 목소리에 대해 알아보자.

"나는 부모로서 실패했다. 왜냐하면……"
"부모로서 나는 최악이다. 왜냐하면……"
"나는 아이에게 험한 꼴을 당할 만하다. 왜냐하면……"

각자의 경험과 정체성, 상황에 따라 '왜냐하면' 뒤에 이어지는 문장은 다르겠지만 내면의 비평가는 거의 이런 패턴을 구사한다. 지금부터 내면의 비평가를 침묵시킬 방법에 대해 소개하겠다.

시작: 대꾸하기 당신이 가장 먼저 해야 할 일은 내면의 부정적인 목소리에 대꾸하는 것이다. 그렇다, 당신 자신에게 말을 걸라는 이야기다.

자신에게 말을 거는 것이 결코 이상한 행동은 아니다. 오히려 건강한 사람이라야 할 수 있다. 자신에게 말을 한다는 것은 내면의 비평가와 치르는 전투가 외면화 되는 것을 허용하는 일이다. 이렇게 되면 훨씬 위대한 마음챙김 상태가 만들어지고, 당신의 자기-반성 능력이 확장된다. 그리고 무엇보다 새로운 선택을 위한 길이 분명해진다.

늘 사과만 하던 줄리아^{Julia} 이야기

근심걱정형 부모인 줄리아는 아들의 불량행동에 괴롭힘을 당하고 있다. 아들이 소리 지르고 막말을 할 때마다 그녀는 아들에게 사과하는 모드가 되곤 했다. "그래, 미안해. 다 내 잘못이야."

깊이 생각하거나 따져보지 않고 줄리아는 비난을 받아들였다.

첫 번째 상담에서 나는 그녀의 내면에 '잔인한 비평가'가 있는 것 같다고 말했지만, 그녀는 심리학에서 떠드는 용어일 뿐이라고 일축했다. 하지만 아들의 불량행동이 점점 악화되자, 줄리아는 마지못해 이번 장에서 이야기하는 문제들을 탐구하기 시작했다.

시간이 좀 걸리긴 했지만 양육 일지를 쓰고 내면의 비평가가 하는 말을 귀담아 들으면서, 자신이 품고 있던 비판적 생각들을 알아차리게 된 것이다. 그러던 어느 날, 샤워를 하던 줄리아는 느닷없이 문제 해결의 돌파구를 보았다.

"나를 비판하는 목소리가 굉장히 친숙하게 느껴졌어요. 샴푸를 하는 동안, 어딘가에서 그 소리가 들렸는데 그건 바로 내 아버지의 목소리였어요. 아버지는 늘 내게 비판적이었죠. 아무리 노력해도 난 아버지의 마음에 들 수 없었어요."

이 같은 통찰(자신과 아들의 관계가 자신과 아버지의 관계를 재생하고 있다는 생각)이 줄리아를 획기적으로 변화시켰다. "아버지와의 관계를 돌이켜볼수록 화가 났어요." 줄리아의 말이다. "나는 아버지가 내게 했던 방식 그대로 아들이 나를 몰아붙이게 내버려두었던 거예요."

줄리아의 아들은 그녀가 자신의 불량행동을 끝내려고 노력하는 것을 보고 코웃음을 쳤다. 그러던 어느 날, 학교에서 돌아온 아들은 자기 방에 있던 컴퓨터가 사라진 것을 보게 되었다. 컴퓨터는 잠긴 창고에 들어가 있었다. 당연히 아들은 화를 내며 반항했지만 줄리아는 꼼짝도 하지 않았다. 그리고 한술 더 떠서 아들에게 단호하게 선언했다.

"불량행동을 그만두지 않는다면, 이달 말에는 스마트폰도 끊을 거야!"

아들은 충격을 받았다. 하지만 마음 한 구석에서는 안도감을 느끼기도 했다. 명심하자. 아이들은 불량행동을 통해 부모에게 원하는 것을 얻는다. 하지만 엄마가 확고한 입장을 지키며 엄마의 입장을 존중하라고 요구하는 것을 본 순간, 아이의 생각이 달라졌다. 아들은 결코 자기 마음대로 밀어붙일 수 있는 부모를 원했던 적이 없다. 줄리아가 자신의 관점을 바꾸자 모든 것이 바뀌기 시작했다.

줄리아는 자신의 어린 시절 아버지에게 하지 못했던 행동을 아들에게 했다. 자신을 존중할 것을 요구한 것이다. 물론 아들의 불량행동이 하루아침에 사라지진 않을 것이다. 하지만 아들은 엄마의 메시지를 명확하게 전달받았다. 아이의 불량행동은 이제 얼마 안 가서 끝날 운명이다.

당신 내면의 비평가 내쫓기 내면의 비평가가 어느 순간 당신의 의식 속으로 뛰어드는지 알아차리는 데서 시작하자. 불확실성을 부추기는 자기-불신의 생각들, 다시 말해 당신의 어린 시절 내면화 된 부정적인 목소리를 알아차려야 한다.

그 누구도 자기-비판적인 상태로 태어나지 않는다. 당신 내면의 비평가와 맞서 싸우면 당신을 옥죄고 있던 부정적 에너지에서 해방되고 진정한 당신의 목소리를 들을 수 있다.

반복되는 자기-비판의 목소리를 간파해야 한다. 그 목소리가 당신의 의식에 들어오는 순간을 놓치지 말고 기억하도록 하자. 그 목소리를 바탕으로 다음과 같은 사항을 자문해보아야 한다.

- ▶ 무엇이 그런 생각을 촉발했는가?
- ▶ 그런 생각은 어디서 오는가?
- ▶ 그런 생각의 뿌리는 내 과거에 있지 않을까?

내면의 비평가가 어떤 식으로 자신을 괴롭히는지 알았다면, 이제 새롭고 긍정적인 혼잣말을 만들어보자.

"나는 못난 부모야."
→ "나는 매일 나아지고 있어."

"아이가 나를 싫어해."
→ "부모를 싫어할 때도 있지."

"나는 이기적이야."
→ "좋은 부모가 되려면 나 자신부터 돌봐야 해."

"불량행동은 자연스러운 거야."
→ "불량행동은 절대 용납할 수 없어."

2. 사과하지 않기

과도한 사과는 고치기 어려운 버릇 중 하나다. 당신이 실수했을 때 사과하는 것이라면 아무 문제가 없다. 그런 경우의 사과는 좋은 모범이다. 실수를 인정하는 것은 성숙한 사람이면 마땅히 해야 할 일이라는 것을 자녀에게 가르칠 수 있기 때문이다.

하지만 불필요한 사과는 부모의 리더십을 약화시키고 아이가 부모에게 갖는 신뢰를 손상시킨다. 당신이 부적절한 사과를 하면 할수록, 아이는 당신을 약하고 비효율적인 부모로 간주하게 된다. 당신이 아이의 불량행동에 사과로 반응할 때마다, 아이가 당신을 계속 괴롭혀도 된다고 힘을 실어주는 꼴이다.

사과 중 많은 부분은 불량행동에 대한 두려움과 불안에 떠밀린 반응이다. 이 고약한 버릇을 바로잡으려면, 충동과 행동 사이에 충분한 '정지' 시간을 삽입할 필요가 있다.

당신이 만약 자동반사처럼 사과하고 있다면, 당신이 어떤 느낌일 때 혹은 어떤 일에 대해 사과하는지부터 숙고해야 한다.

시작: 자기 자신 긍정하기 앞으로는 사과하기 전에, 정지 버튼을 누르고 스스로에게 다음과 같은 3가지 질문을 던져보자.

- ▶ 지금 이 순간 정말로 내가 사과할 필요가 있는가?
- ▶ 지금 나는 두려움이나 협박 때문에 사과하고 있는가?
- ▶ 나는 지금 사과하도록 조종당하고 있는 건 아닐까?

이 질문들을 숙고하고 있다는 것은, 당신이 더 이상 자동 조종 모드에 압도되지 않음을 의미한다. 게다가 당신은 마음챙김을 강화하고 정서적 핵심emotional core을 견고하게 만드는 중이다. 이제 당신은 자녀 양육에 집중하면서 더 확실하게 지금 이 순간에 머물고 있다.

3. 다른 사람과 비교하지 않기

'비교하면 절망한다compare and despair'는 오래된 격언은 진실이다. 끝없이 자신을 다른 사람과 비교함으로써 부정적 감정을 만드는 일에 몰두한다면, 자신이 패배자인 것처럼 느낄 수밖에 없다.

자녀로부터 괴롭힘을 당하는 부모 중 많은 이들이 다른 사람들을 우상화하거나, 과도하게 이상적인 양육 블로그나 잡지에 나오는 부모들과 자신을 비교하는 덫에 걸린다. 자신을 타인과 비교하는 일은 전혀 도움이 되지 않는다. 오히려 자존감에 상처를 입을 뿐이다.

자녀로부터 괴롭힘을 당하는 부모들이 어떻게 '비교하기'를 하는지 사례를 살펴보자. 다음 문장 중 익숙한 것이 있는가?

"내가 누구 엄마와 닮았으면 얼마나 좋을까?"
"옆집 부모는 아이들과 훨씬 좋은 관계를 갖고 있어."
"다른 부모들은 모두 아이를 쉽게 키우는데, 나는 아냐."

문장에서 패배주의가 느껴지지 않는가? 이러한 비교에 빠질 때, 당신은 자신과 아이 모두에게 끔찍한 해를 끼치고 있다. 한마디로 모두가 패배하는 상황이다. 당신은 자신감을 잃고, 아이는 당신에 대한 신뢰를 잃는다.

그러니 당신이 '나는 누구보다 못해'라는 식의 생각을 하고 있음을 알아차린 순간, 정지 버튼을 누르자! 당신이 부모로서 제대로 하고 있는 것 쪽으로 관점을 이동시키자! 할 만한 가치가 있는 유일한 비교는 당신 자신을 자신과 비교하는 것뿐이다. 스스로에게 물어보자.

▶ 자녀 양육에 있어서 나는 어제보다 강해졌는가?
▶ 내가 더 나은 선택을 하고 있는 걸까?
▶ 내 아이와의 관계에 발전이 있는 걸까?

시작: 당신의 강점 칭찬하기 자녀에게 괴롭힘을 당하는 부모들 중 얼마나 많은 사람들이 자신의 강점을 인식하지 못하고 있는지를 지켜볼 때마다 나는 놀라곤 한다. 어린 시절 중 어떤 시점에서, 그들은 자기-칭찬을 부끄러운 일로 느끼게 되었다. 그들은 자신을 자랑스러워하는 것이 잘못이라고 배웠다.

하지만 자신을 긍정적으로 느끼는 것은 절대 건방진 일이 아니며 꼭 필요한 자질이다. 자기 긍정의 목소리들이 없으면 당신은 자신감과 자존감을 잃는다. 불량행동을 주고받는 관계에서 벗어나는 것은 좀 더 긍정적인 자존감을 회복하는 데서 시작된다.

쉽게 말해 자신을 칭찬하는 일에 익숙해지라는 말이다. 자기-칭찬은 낙천성, 유연성, 유머 감각을 강화해준다. 자신에 대한 자부심과 신뢰감을 가질 때, 당신은 아이의 불량행동에 항복하고 싶은 충동을 이겨내게 될 것이다. 당신은 더 높은 수준으로 이동하고, 더이상 아이의 불량행동에 휘둘리거나 조종당하지 않는다.

새엄마가 된 스텔라Stella 이야기

그녀는 중학교 시절 남과 비교하는 나쁜 버릇을 갖게 되었다. 자신을 친구들과 가혹하게 비교하고 자신의 모자란 점을 찾아내어 절망하곤 했다. 다른 여자아이들은 항상 그녀보다 똑똑하고 예쁘고 날씬했다. 스텔라는 어린 시절 내내 파도처럼 밀려오는 절망과 싸웠다. 그나마 다행인 것은 성인이 된 후 그녀가 불행한 시간들을 내려놓을 수 있었다는 사실이다.

그러나 지금의 남편과 결혼해 졸지에 새엄마가 된 스텔라의 인생은, 남편이 데리고 온 열두 살배기 딸 라이아나Riana로 인해 완전히 뒤집어졌다.

남편인 스티븐Stephen은 법정에서는 당당하고 빈틈없는 변호사였지만 딸아이에게는 꼼짝도 못했다. 그는 첫 결혼이 파국으로 끝난 것을 안타깝게 느꼈고, 이혼으로 인해 딸이 받게 된 고통에 대해 미안해했다. 라이아나가 어떤 짓을 하든, 스티븐은 끊임없이 딸아이에게 보상을 주었다.

스티븐은 고전적 유형의 죄책감형 부모임이 틀림없었다.

누가 봐도 라이아나는 다루기 힘든 아이였다. 우리가 앞에서 사용했던 분류를 적용하자면, 조작형 성향을 일부 가진 반항형 불량행동 유형에 속했다. 부모의 이혼으로 황폐화된 라이아나는 모든 원망과 분노를 스텔라에게 퍼부었다. 그런데도 스티븐은 늘 딸의 불량행동을 정당화해줄 변명거리를 찾곤 했다.

"힘든 일을 많이 겪은 아이니까 편하게 해줍시다."

"아이의 말을 기분 나쁘게 받아들이지 말아요."

"당신은 주말 몇 시간만 참으면 되잖소."

스텔라는 남편이 딸의 불량행동을 해결할 의사가 전혀 없다는 사실에 망연자실했다. 스텔라가 뭐라고 하든 남편은 별일 아니라고 넘겼다. 설상가상으로 라이아나는 아빠가 집에 없을 때 훨씬 고약하게 굴었다. 스텔라가 처음 보는 심각한 적의였다.

"내 방에서 꺼져요! 당신이 왜 내 방에 들어와?"

"아빠가 당신과 결혼했지, 난 아냐! 그러니 참견 말라고!"

"당신 그렇게 뚱뚱한 게 부끄럽지 않아?"

새엄마나 새아빠를 가진 아이들은 대부분 그들에게 자신의 분노를 쏟으며 안전하다고 느낀다. 이혼한 부모의 자녀에게, 새엄마나 새아빠는 침입자다. 아이가 그들을 가족의 일원으로 여길 때까지는 오랜 시간이 걸리는 게 당연하다.

그 결과, 아이들은 자신이 상처받았다는 느낌을 새엄마나 새아빠에게 투사하는 경우가 많다. 동시에 그런 대우를 당하는 당사자는 배우자의 실패한 결혼에 대해 자신이 대가를 치른다고 느낀다.

스텔라는 오래 전 자신의 불안감이 되살아나는 것을 느꼈다. 과거에 멈췄던 행동을 다시 하고 있는 것이다. 그녀는 하루에도 몇 번씩 몸무게를 재고, 어떤 옷을 입으면 어떻게 보일지를 강박적으로 생각한다. 머리를 염색하고 헤어스타일을 완전히 바꿔보기까지 했다.

당연하지만 이런 스텔라의 변화는 라이아나에게 좋은 인상을 주지 못했다. "세상에, 어떻게 그런 색깔로 염색할 생각을 했지? 나라면 원수에게도 그렇게 하라고는 않겠네." 라이아나가 조롱했다.

라이아나와 둘만 남겨질 때마다 스텔라에겐 불안이 물밀 듯이 몰려왔다.

스텔라의 비교하고 절망하는 오래된 습관이 본격적으로 튀어나왔다. 밤에 잠들지 못하고 뒤척이며 최근 여러 해 동안 없었던 방식으로 자신의 삶에 대해 조바심하게 된 것이다.

"스티븐의 전처는 나보다 날씬하고 세련됐어."

"라이아나는 나보다 똑똑해."

"스티븐이 나를 사랑한다면 아이로부터 나를 지켜줄 텐데."

이런 비판적인 목소리가 계속되는 한, 스텔라가 지금 처한 상황을 변화시킬 희망은 없다. 스텔라는 자신이 우울증 속으로 빠져들고 있다고 느낀다.

스텔라의 사례는 드문 일이 아니다. 부모가 되었을 때, 어린 시절의 상처가 다시 살아나 입을 벌리는 경우가 많다. 그럴 때 대부분은 현재의 상황과 전혀 맞지 않는 방식으로 행동하고 생각한다. 성인이 아닌 어린 시절로 퇴행하는 것이다.

스텔라는 남편의 수동적 태도 혹은 라이아나의 불량행동에서 오는 좌절감을 해결하기 전에, 부정적 자기-감정을 해소해 내면의 균형을 재확립할 필요가 있다. 스텔라가 떨어진 자존감을 회복하기만 하면, 자신의 주의를 남편과 딸에게로 돌릴 수 있다.

그녀는 비판적 생각들을 방어하기 위해, 자신의 강점을 말하는 목소리의 볼륨을 키웠다.

부모로서의 강점 찾기

"나를 부모로 만난 아이는 행운아야. 왜냐하면 난 ······이니까."

"내가 가진 위대한 부모로서의 자질은 ······야."

"내 아이는 나를 자랑스러워해야 해. 나는 ······하니까."

계속하라. 자기-칭찬에 푹 빠져보라. 당신에겐 그럴 만한 자격이 있다! 당신은 좋은 부모가 되기 위해 노력 중이다. 자기-칭찬의 볼륨은 높이고, 자기-불신의 볼륨은 낮추자. 당신이 자신의 능력에 대해 자신감을 갖고 있다면, 당신의 아이 역시 당신을 신뢰하게 될 것이다.

다시 스텔라 얘기로 돌아가자. 그녀를 처음 만났을 때, 나는 그녀가 갖고 있는 부정적 자기 이미지에 매우 놀랐다. 스텔라는 아름다운 외모를 가진 젊은 여자였고, 날카로운 지성과 놀라운 감수성 또한 갖고 있었다. 하지만 그녀의 마음속에서 스텔라는 여전히 어색하고 서툰 10대였고, 비만과의 전쟁을 치르는 중이었다.

자녀의 불량행동에 당하고 있는 많은 부모들처럼, 스텔라는 자신을 근심걱정형 부모와 동일시하고 있었고, 라이아나는 조작형 불량행동을 하는 아이로 규정짓고 있었다.

첫 상담이 끝난 후, 스텔라는 양육 일지를 적을 수 있을 만큼 회복되었다. 그녀는 자신의 어린 시절로부터 시작된 패턴들을 확인했고, 자신의 불안감을 직시했고, 부정적인 혼잣말의 원천을 찾아냈다.

이어서 스텔라는 부모로서 자신의 밝은 면과 어두운 면을 확인했고, 자신이 갖고 있는 양육 상의 강점과 약점을 알아차렸다. 부모-자녀 관계에 대한 새로운 비전을 창조했음은 물론이다.

그 후 우리는 부모로서 스텔라가 갖고 있는 많은 강점을 칭찬하기 시작했다. 그때까지 스텔라는 시종일관 라이아나에게 관대했다. 아이의 끔찍한 언행에도 불구하고, 그녀는 절대 아이와 같은 식으로 반응하지 않았다. 스텔라는 라이아나가 프라이버시를 가질 권리를 존중했고, 아이로 하여금 친구들을 집으로 초대하도록 했고, 아이가 원하는 그대로 침실을 꾸며주었다.

라이아나가 친엄마나 아빠에 대해 나쁘게 말할 때, 스텔라는 결코 라이아나를 편들지 않았다. 스텔라는 부모의 이혼으로 인한 아이의 상처를 이해했고, 아이가 표현하는 분노의 감정을 두둔하기보다는 최선을 다해 연민에서 우러난 대응을 했다.

스텔라의 강점을 기록하는 일이 끝났을 때, 우리는 스텔라가 불량행동에 괴롭힘을 당할 이유가 없음을 깨달았다. 오히려 그녀는 상을 받아 마땅했다!

드디어 스텔라는 악몽에서 깨어났다. 그녀는 라이아나(어쨌든 불행한 아이였다)가 자신을 괴롭히도록 내버려둔 자신을 믿을 수가 없었다. 아이와의 문제를 해결하기 전에, 스텔라는 지금이야말로 스티븐과 있는 그대로 솔직하게 대화할 시점이라고 생각했다. 스티븐을 데려와 부부 면담을 하는 게 좋겠다고 하자 그녀는 이렇게 답했다. "이 혼란에 내 스스로 빠져들었으니, 나오는 것도 혼자의 힘으로 해보고 싶어요."

남편과의 대화에서 스텔라는 라이아나의 불량행동을 더이상 허용할 수 없음을 분명히 했다. 그녀는 남편에게 단언했다. "당신은 아빠이면서 라이아나의 끔찍한 행동을 방치함으로써 아이를 망치고 있어요. 수동적 행동으로 아이의 불량행동을 부추기고 있다고요."

스티븐이 자신의 행동을 정당화하려고 할 때, 스텔라는 받아칠 준비가 되어 있었다. 스텔라는 스티븐에게 말했다. "라이아나는 아빠로부터 소중히 여겨지거나 사랑받는다고 느끼지 못하는 불행한 아이예요. 아빠가 무엇이든 오냐오냐 받아주는 것이 자신을 소홀히 여겨서 그런 거라고 생각할 거라고요."

스텔라는 남편이 아이 문제에 좀 더 관여해야 한다고 말했다. 이혼으로 인한 죄책감 때문에 스티븐은 어느새 무능한 부모인 동시에 무능한 남편이 되어버렸다.

그 후 스텔라는 라이아나에게 관심을 돌렸다. 그녀는 아이와 맞서기보다 더 많은 이해와 지지를 보내는 것이 나을 것이라 판단했다. 라이아나가 자신을 비난할 때, 그녀는 킬킬 웃으며 유머 감각이 좋다고 말해주었다. 라이아나가 뚱뚱하다고 자신을 비난할 때, 스텔라는 어깨를 으쓱하며 말했다. "글쎄, 나는 내 모습이 괜찮은데."

정작 놀란 것은 라이아나였다. 아이의 불량행동에 적게 반응할수록 불량행동도 그에 맞춰 줄어들었다. 무슨 말로도 스텔라를 자극할 수 없다는 것은 불량행동으로 보상을 얻을 수 없게 되었다는 의미다.

어느 날 밤, 스텔라가 라이아나 방에서 흐느끼는 소리를 들었을 때 진정한 돌파구가 마련되었다. 아무 말도 하지 않은 채, 스텔라는 아이에게 티슈 상자를 가져다주었다. 스텔라가 몸을 돌려 방을 나가려는 순간, 라이아나가 곁에 있어 달라고 말했다. 그 후 아이는 스텔라에게 마음을 열었다.

라이아나는 두 시간 동안 부모의 이혼 때문에 받은 상처와 혼란을 털어놓았다. 스텔라는 그 이야기를 열심히 들어주고 아이를 다독여주었다. 스텔라를 향한 라이아나의 감정은 완전히 바뀌었다. 아이는 스텔라를 자신의 가장 든든한 원군으로 보기 시작했다.

이 모든 변화는 스텔라가 자신의 내면세계를 말끔히 청소한 데서 시작되었다. 용기를 갖고 노력한 결과, 스텔라는 남편과 의붓딸과의 관계를 모두 개선할 수 있었다. 세월이 흘러 성인이 된 후에도, 라이아나는 스텔라를 위대한 친구이자 멘토라고 말했다.

4. 잘못된 대응 메커니즘 중지하기

잘못된 대응 메커니즘이란 아이의 불량행동을 정당화하기 위해 당신이 스스로에게 하는 거짓말이다. 이런 거짓말은 불량행동의 의미를 축소하고 당신이 적절한 조치를 취하지 못하게 만든다.

예를 들어보자. 스텔라의 남편 스티븐은 딸아이에 대한 자신의 감정을 추스르기 위해 잘못된 대응 메커니즘에 지나치게 의존한 경우다.

그 결과 아이의 불량행동은 더욱 악화되었다. 괴롭힘을 당하는 부모들이 가장 빈번하게 의지하는 3가지의 잘못된 메커니즘은 다음과 같다.

▶ **합리화하기:** 아이의 불량행동 정당화하기
▶ **비난하기:** 자신을 비난하거나 남에게 책임 돌리기
▶ **부정하기:** 불량행동을 무시하거나 간과하기

자녀의 불량행동에 괴롭힘을 당하는 부모들이 자주 하는 몇 가지 한탄이 있다. 이중 당신에게 해당되는 것이 있는가?

합리화하기

▶ "그 나이 때는 다 그래."
▶ "그 짓도 한때야. 철들면 그만두게 되어 있어."
▶ "아이들이 반항하는 것은 자연스러운 거야."

비난하기

▶ "이게 다 아이의 (친구, 학교, 배우자 등) 때문이야."
▶ "아이가 불량행동을 하도록 용인한 사회가 문제야."
▶ "학교와 교사가 제대로 가르치지 않아서 그래."

부정하기

▶ "우리 아이는 그렇게 심한 편이 아니야."

▶ "아이가 종종 반항하는 것은 별일 아니야."

▶ "아이가 독립적이고 자기주장이 강해서 그래."

시작: 줏대를 가지고 자신을 옹호하기 아이의 불량행동에서 해방되기 위해서는 정당한 분노를 일으킬 필요가 있다. 아이는 당신에게 난폭하게 굴 권리가 없다.

마음을 단단히 먹자. 아이는 새롭게 바뀐 당신을 절대 좋아하지 않을 테니까. 단호한 태도를 취할 때는 갈등이 높아지기 마련이다. 어렵더라도 물러나지 말고 오락가락 흔들리지 말자. 당신을 지원하는 팀에 의지하고, 배우자와 상의하고, 이번 장에서 소개한 모든 도구들을 활용하라.

무엇보다 당신의 아이에게 모범을 보여야 한다. 아이에게 원하는 그 행동을 당신이 먼저 하는 것이다. 물론 성질이 날 때도 있고, 좌절감 때문에 고함을 지를 때도 있을 것이다. 새로운 스킬은 비틀거리고 넘어지면서 배우는 법이다. 당신의 컨디션이 좋은 날도 있고 나쁜 날도 있지 않겠는가?

흔들릴 때는 이번 장으로 돌아와서 확인하자. 당신의 양육 도구함을 계속 업그레이드하고 개선해야 한다. 부지런히 노력하다보면, 아이의 불량행동은 곧 먼 옛날의 기억이 되어 있을 것이다.

• 새로운 당신을 향하여 •

이런 종류의 내면 작업에는 투지와 용기가 필요하다. 당신 내면의 악마들에게 맞서는 일은 어렵지만 꼭 필요한 일이다. 누누이 말하지만, 아이의 불량행동을 끝내고 새로운 관계를 만드는 일은 당신 자신과의 새로운 관계에서 시작된다.

월트 휘트먼은 시집 『풀잎Leaves of Grass』에서 이렇게 말했다.

개혁이 필요한가? 그것은 당신을 통한 개혁인가?
필요한 개혁이 위대한 것일수록, 그것이 성공하기 위해서는 더 위대한 당신의 인격이 필요하다.

다음 장에서 우리는 반-불량행동 프로그램의 모든 요소를 하나로 모아 아이의 불량행동을 없애는 방향으로 마지막 한 걸음을 내딛을 것이다.

7장

당신을 지원해줄
팀을 만들어라

당신은 최종 단계에 와 있다. 불량행동을 되돌리기 어렵다는 사실을 명심하자. 특히 아무런 제지도 당하지 않고 여러 해 동안 계속되어 온 불량행동을 돌이키는 데는 고통이 따른다. 가끔은 부모-자식 관계를 바꾸는 것이 불가능하게 느껴질 수도 있다.

마지막 과정을 통과하기 위해 당신은 지원해줄 팀을 조직할 필요가 있다. 당신의 문제를 혼자만 안고 있지 말고, 사람들에게 도움을 청하고, 당신이 갖고 있는 양육 상의 문제를 공유하라는 것이다.

왜 공유가 필요한지 궁금한가? 아이의 불량행동으로부터 괴롭힘을 당하는 일에는 항상 수치심이 따른다. 부모들은 대개 자신이 처한 상황을 숨기려 한다. 안으로는 말로 표현할 수 없는 고통을 당하면서도,

밖으로는 아무 문제가 없는 것처럼 행동한다. 혹은 자신의 상황을 무모할 정도로 낙관적으로 본다. '이것은 통과의례일 뿐이다. 아이가 크면 다 좋아질 것이다'라고 생각하는 것이다.

하지만 그건 진실이 아니다. 아이의 불량행동은 당신이 그것을 중단시킬 용기를 내기 전에는 절대 끝나지 않는다.

앞장에서 우리는 내면 작업에 초점을 맞춰서, 부정적인 혼잣말을 제거하고 새로운 관계에 대한 비전을 개발하는 작업을 다뤘다. 이번 장에서는 오로지 당신이 외부에서 지원을 받을 수 있는 장치들을 알아볼 것이다.

· 당신의 팀을 조직하라 ·

아이의 불량행동을 없앨 작정이라면, 그 어떤 대가를 치르더라도 고립을 피해야 한다. '아이 하나를 키우기 위해서는 마을 하나가 필요하다'라는 아프리카 속담은 진실이고 지금도 유효하다. 아이와 씨름하는 일을 당신 홀로 감당해야 한다고 어디 정해진 것이 아니지 않은가? 당신은 외부의 지원을 받을 수 있다. 이제부터 반-불량행동 팀을 조직하는 4단계 전략을 소개하겠다.

1. 당신의 배우자나 파트너와 힘을 합쳐라
2. 친구와 가족을 동원하라.

3. 학교를 개입시켜라

4. 전문가의 도움을 구하라.

당신의 배우자나 파트너와 힘을 합쳐라

통합된 양육은 부모—자녀 간의 신뢰와 존중을 재확립하기 위해 매우 중요한 단계다. 만약 아이가 부모 중 어느 한쪽에만 불량행동을 한다면, 당신 부부는 서로 다른 양육 스타일을 갖고 있을 확률이 높다. 상습적으로 말다툼을 벌이는 부모 사이에서 십자포화를 맞는 것보다 아이의 정신 건강에 나쁜 것은 없다.

부모가 양육 문제로 갈등을 겪게 되면 그 불균형으로 인해 가족 역학이 붕괴된다. 부모의 분열은 아이의 행복감을 파괴하고 감정을 분열시킨다. 부모의 모순된 의사소통을 이해하려는 노력으로 인해 정신적 스트레스와 내면의 갈등이 초래되는 것이다. 그런 상황에 처한 아이들은 인생을 즐기기는커녕 자신을 짓누르는 어려운 질문들과 피곤한 싸움을 이어가야 한다.

"나는 누구를 믿어야 하나?"

"나는 누구에게 의리를 지켜야 할까?"

"나는 누구 말을 들어야 하지?"

부모 중 어느 한쪽을 선택한다는 것은 매우 힘든 일이다. 부모의 분열은 가족 구성원 간에 갈등을 일으키는 가장 큰 요인이지만, 자녀 사이의 갈등도 부채질한다. 부모의 갈등이 자녀들을 감염시키고, 형제 관계를 파괴하고, 편 가르기를 통해 분란을 일으킨다.

형제들은 자기 부모의 갈등을 거울처럼 반영하는 경우가 많다. 그들은 편을 가르고, 서로를 비난하고, 서로에게 난폭한 행동을 한다. 그런 행동 모두 부모에게 배운 것이라 해도 과언이 아니다. 부모가 부정적 행동의 본을 보일 경우, 아이들에게 그것이 재현되는 것은 시간문제일 뿐이다.

아이들이 형성하고 있는 관계의 첫 모델은 자신의 부모다. 부모가 보여주는 관계, 즉 서로가 '어떤 식으로 의사소통하고 어떤 식으로 갈등을 해결하느냐'가 아이들의 청사진이 된다.

한심한 부모를 본받게 되면, 부정적이거나 공격적 행동을 정상적인 것으로 인식한다. 부모의 부정적 행동을 목격한 아이들은 다음과 같이 판단하게 된다.

"사랑하는 사람에게 난폭하게 굴어도 괜찮구나."
"자신이 좋아하는 사람을 비난하고 소리를 질러도 문제없구나."
"서로에게 실망했을 때는 욕이나 공격적인 말이 허용되는구나."

이것이 부모가 배우자와의 좋은 관계를 위해 노력해야 될 중요한 이유다. 부모가 어떤 상태(결혼, 별거, 이혼)에 있든 부모라는 존재는 하나의 팀이 되어야 하고, 아이들의 행복을 위해 협력해야 한다. 갈등이 일어날 때, 부모는 난폭한 행동이나 폭언에 의지하지 않고 효과적으로 해결하는 본을 보여야 한다.

이제 반대되는 양육 스타일을 갖고 있는 부모들의 갈등이 어떤 식으로 아이의 불량행동을 만들어내는지 사례를 살펴보자.

. . . .

편싸움을 벌인 베일리Bailey 부부와 세 아들 이야기

제니퍼 베일리Jennifer Bailey와 제이 베일리Jay Bailey는 이상적인 커플처럼 보인다. 두 사람은 법조계에서 화려한 경력을 쌓았고, 친밀한 친구와 동료들을 갖고 있고, 잘 생긴 세 아들을 두었다.

첫째 제프리Jeffery는 열다섯 살, 둘째 론Ron은 열두 살, 막내 제시Jesse는 여덟 살이다. 베일리 가족은 여유 있는 목가적 생활을 즐기는 것처럼 보였지만, 닫힌 문 뒤에서 일어나는 상황은 매우 달랐다.

제니퍼와 제이는 완고하고 타협을 모르는 성격이었다. 게다가 두 사람은 극단적으로 반대되는 양육 스타일을 갖고 있었다.

제이는 느긋하고 자유방임적인 부모를 이상형으로 생각했다. 그는 아들들이 늦게까지 잠을 자지 않아도 내버려두었고, 정크 푸드를 먹고 폭력적인 비디오 게임을 해도 간섭하지 않았다.

제이는 아내인 제니퍼를 두고 '두목 언니Miss Boss Lady'라는 별명으로 불렀다. 제니퍼는 남편이 아이들 앞에서 자신을 그런 별명으로 부르는 것을 싫어했다. 자신에게는 따분한 현장 감독 역할을 맡기면서, 자기는 '재미있는 부모'가 되려 한다고 믿었기 때문이다.

"난 아들들과 영화를 보거나 비디오 게임을 하며 즐거운 시간을 보내곤 합니다. 그러면 제니퍼는 득달같이 방으로 쳐들어와 밀린 빨래라든가 싱크대

안에 쌓인 설거지거리를 두고 잔소리를 하기 시작하죠. 그러면 아이들은 금세 풀이 죽어요. 제니퍼는 정말 사람 기분을 망치게 하는 데 선수예요."

제니퍼는 당연히 다른 관점을 갖고 있다. 그나마 자신이 관리하지 않았다면 가정이 엉망진창이 되었을 거라는 주장이다. 결국 제니퍼는 힘든 양육을 혼자 도맡았다. 숙제, 학부모 간담회 참석은 물론이고, 점심 도시락 준비며 매일 아이들에게 옷을 골라입히는 일도 그녀 차지였다.

그러는 동안 제이는 한량처럼 주말 내내 게임을 하고, 아들들과 똑같이 아무 일도 하지 않고 빈둥거렸다. "제가 바쁠 때면 아이들이 며칠 동안 같은 옷을 입을 때도 있는데, 제이는 그런 줄도 몰라요." 제니퍼의 말이다. "남편은 아이들과 있으면 아이들이 되어버려요. 아이들에겐 친구가 아니라 아빠가 필요하다고 말해도 소용이 없어요. 남편은 잔소리 좀 그만하라고 나를 비난합니다. 그것도 아이들 앞에서 말이죠."

상상할 수 있겠지만, 부부간의 끊이지 않는 갈등은 아이들에게 타격을 준다. 제이와 제니퍼의 갈등은 끔찍한 관계의 표본이었다. 부모 사이에 갇힌 아이들은 편이 갈렸다. 맏이인 제프리는 아빠 편에 섰고, 론은 엄마를 방어했다.

얼마 가지 않아, 엄마에 대한 제프리의 분노는 불량행동 형태로 표출되었다. 제프리는 엄마에게 소리를 지르고, 엄마의 말을 무시하고, 엄마를 엄마라 하지 않고 이름으로 불렀다. 제프리의 불량행동에 심각한 상처를 입은 제니퍼는 아들이 하는 짓이 남편 제이가 하는 행동의 연장이라고 보았다.

반면 론은 맹렬하게 엄마를 방어했다. 론과 제프리는 몇 차례 주먹다짐까지 하게 됐다. 양육 스타일의 갈등과 한심한 본보기가 두 아이 사이에 적의를 촉발했던 것이다. 흔히 있는 경우지만, 두 아이는 부모 사이에 진행 중인 갈등을 그대로 재현하는 중이다. 그런데 이 사태의 최대 피해자는 막내인 제시였다.

집안의 갈등 때문에 명랑하고 장난기 많던 제시는 불안하고 두려움 많은 아이로 변했다. 정신적 스트레스가 신체적 반응으로 나타나기까지 했다. 집에서 한바탕 싸움이 벌어진 날 밤이면, 제시는 울면서 잠이 들었다.

제프리와 론이 불량행동으로 연합해 막내를 괴롭히기 시작하자, 형들에 대한 믿음도 깨졌다. 제시는 매일 밤 악몽에 시달렸고, 밤이면 부모의 침대를 피난처로 삼게 되었다. 부모의 침대는 제시가 안전하다고 느끼는 유일한 장소였다.

제니퍼와 제이 부부는 세 아들 모두 행복하지 않다는 것을 알고 있었지만, 자신들의 양육 스타일을 되돌아보기보다는 아들들 각자에게 치료 전문가를 고용하는 쪽을 선택했다. 그러나 치료를 시작한 지 3개월이 지났지만 상황은 전혀 나아지지 않았다.

불량행동이 만연한 가정

부부는 서로를 끝없이 괴롭히는 불량행동을 함으로써, 가정 내 불량행동이 만연하게 만들었다. 제니퍼와 제이가 서로의 견해 차이를 평화로운 방식으로 해결하고 갈등을 효과적으로 해소하는 방법을 아이들에게 보여주기 전까지는, 상황이 변하지 않을 것이다.

가정에서 '본보이기'를 통해 만들어진 나쁜 습관을 정상 상태로 돌릴 만큼 대단한 치료 전문가는 이 세상에 없다. 제니퍼와 제이가 그들의 방식을 바꾸기 전에는 치료만으로 지속적인 결과를 낼 수 없을 것이다. 첫째와 둘째는 계속 싸울 것이고(부모와 똑같이 말이다), 가여운 제시는 점점 심해지는 불안으로 고통받게 될 것이다.

사람들은 모두 자신의 행동에 의문을 품기 전에 다른 사람부터 비난하고 보는 경향이 있다. 하지만 비난은 막다른 길이다. 비난을 통해서는 절대로 불량행동을 하는 아이들을 되돌릴 수 없다.

그러니 아이의 불량행동을 해결하기 위해 어떤 조치를 취하기 전에, 스스로 자문해 보자. 나는 갈등을 평화적으로 해결하고 있는가? 나는 아이들에게 원하는 행동을 나 스스로 하고 있는가?

양육 스타일이 어떻든 간에, 부모는 아이들의 행복을 위해 한데 뭉쳐야 한다. 두 사람의 차이를 해결하기 위해 시간을 내고, 양육 목표를 함께 설정하고, 스트레스를 받을 때에도 긍정적 관계를 유지하는 모습을 본보기로 보여주어야 한다는 의미다.

양육 목표를 함께 정하고 그 목표를 달성할 때까지는 결속된 모습을 유지하자. 가정 내의 불량행동 풍조를 제거하는 일은 당신 자신으로부터 시작된다. 그리고 이것이 아이들의 불량행동을 진정으로 중단시킬 수 있는 유일한 방법이다. 부모 사이에 결속과 사랑이 있으면, 가족 구성원 모두가 서로 결속하고 사랑하는 분위기 속에서 살게 된다.

그렇다고 당신과 배우자가 모든 면에서 의견의 일치를 보아야 한다는 이야기는 아니다. 그것은 비현실적이며 괴이하기조차 하다. 자녀 양육이란 늘 복잡하고 변화무쌍한 상황들로 채워진다. 의견이 다른 것이 당연하다. 그리고 당신과 배우자는 부모가 양육 상의 의사결정에 한 목소리를 내야 한다는 데에도 이견을 가질 수 있다.

친구와 가족을 동원하라

자녀로부터 괴롭힘을 당하는 부모는 어디에나 있다. 주변에서도 쉽게 찾을 수 있다. 그러니 당혹감을 느낄 필요가 없다. 이런 문제는 당신이 아무리 비밀스럽게 감추려 해도 소용이 없는 법이다. 그러니 망설이지 말고 주변에 도움을 요청하라. 한 번 말을 꺼내면, 친구들이 얼마나 열성적으로 당신을 도우려 하는지 알게 될 것이다.

아들의 멘토를 찾아낸 안나^{Anna} 이야기

싱글맘인 안나는 열네 살 먹은 아들 안토니오^{Antonio} 때문에 끔찍한 나날을 보내고 있다. 그녀는 왜 아들이 막말을 하고 불량행동을 하는지 이해할 수가 없었다.

그런데 아들이 항상 이상한 것은 아니었다. 가끔은 상냥하고 곰살맞게 행동하기도 했다. 어머니날에는 엄마를 위해 아침을 준비했고, 엄마의 생일날엔 카드에 시를 적어 주기도 했던 것이다. 안토니오는 여러 방식으로 엄마를 위하는 행동을 했다. 무엇보다 그는 우등생이었다. 안토니오는 전액 장학금을 받고 대학에 가기 위해 필사적으로 공부하는 아이였다.

안나가 처한 상황을 분석하면서, 우리는 안토니오가 가장 심하게 불량행동을 하는 시간을 찾아냈다. 바로 학교 가기 전이었다. 안나가 잠자리에서 못 일어나는 아이를 가까스로 깨워 일으키자, 아들은 아무것도 먹지 않고 집밖으로 달려 나갔다. 엄마 때문에 지각하게 됐다고 소리치면서 말이다. "잔소리 좀 그만해. 늦었다고! 아침 안 먹는다고 했잖아!"

안토니오는 엄마가 괴로워하는 것을 알고 있었다. 하지만 월요일 아침, 아이는 마치 딴 사람처럼 행동했다. 아침에 엄마의 목소리가 들리기만 해도 짜증을 냈다.

앞에서도 언급했듯, 부모에게 무례하게 굴고 싶어 하는 아이는 없다. 부모를 괴롭히는 아이는 대부분 후회하고 자기가 한 말에 수치심을 느낀다. 불량행동은 반드시 아이의 자존감을 약화시키고 죄책감을 불러일으킨다. 예외는 없다. 부모가 이 상태를 방치하면, 아이의 불행한 느낌은 깊어진다.

안나가 자신만의 힘으로 아들의 불량행동을 중단시킬 수 없는 것은 명백했다. 그녀에겐 도움이 필요했다. 아들의 불량행동을 대처할 팀으로 누가 좋겠냐고 묻자, 그녀는 이웃에 사는 그렉Greg을 선택했다. 그래픽 아티스트인 그렉은 취미 삼아 만화를 그리고 디자인 작업도 했다.

안토니오는 그렉을 아주 멋진 사람이라 생각했다. 여름 한철, 그렉은 두 집이 함께 쓰는 뒷마당에서 안토니오와 캐치볼을 하며 놀곤 했다. 그렉은 안토니오에게 최근에 작업한 디자인을 보여주었고 가끔은 데이트에 관해 조언도 해주었다.

안토니오는 그렉을 존경했고 그의 말을 잘 따랐다. 아이에게 그렉은 아버지와 같은 존재였다. 그렉은 반–불량행동 팀원이 되기에 완벽한 조건을 갖추고 있었다.

하지만 처음에 안나는 그렉을 관여시키는 데 주저했다. "왜 내 문제로 그를 귀찮게 해야 하나요?"

내가 고집을 꺾지 않자, 안나는 그렉에게 도움을 청할 용기를 냈다. 그리고 이야기를 들은 그렉은 열정적으로 도와주겠다고 나섰다. 그는 이전에 안토니오의 불량행동에 대해 들은 적이 있었지만 그저 흘려들었다고 한다.

내 사무실에서 간단한 회의를 한 후, 우리는 월요일 아침식사에 그렉을 초대하기로 했다. 그렉은 안토니오와 함께 집에서 만든 음식을 먹을 수 있다는 사실에 흡족해 했다.

내 생각이지만 안토니오는 그렉 앞에서 절대로 불량행동을 하지 않을 것이다. 자신이 좋은 인상을 주고 싶어 하는 사람이기 때문이다. 아침식사 초대는 안나의 집에서 불량행동을 몰아내는 첫 걸음이 될 것이다.

그렉이 아침식사를 하러 올 것이란 사실을 알리자, 안토니오는 의아해 했다. "정말 그분이 우리와 식사를 하고 싶대요? 왜요? 난 이해가 안 되네."

그 주 후반에 그렉이 아침식사를 하러 집으로 왔고, 마술 같은 일이 일어났다. 안토니오는 그렉이 도착하기 전에 일어나 옷을 차려 입고 기다렸다. 아침식사를 하는 중에도 안토니오는 농담을 하며 즐거워했다. 식사 후에 그렉은 안토니오를 학교까지 차로 데려다주었고 둘은 가는 시간 내내 즐겁게 이야기를 나눴다.

안나가 그렉에게 도움을 청하지 않았다면, 이러한 전환점은 만들어지지 않았을 것이다. 그렉은 안토니오의 훌륭한 롤 모델이기도 했다. 그는 예의 바르고 매너가 좋았으며, 자신의 일에 열정과 포부를 갖고 있고, 예쁜 여자 친구도 사귀고 있었다.

함께 학교로 가는 동안, 그렉은 지나가는 말처럼 안토니오에게 말했다. "네가 더 잘 알겠지만 엄마는 너에게 정말 소중한 사람이야. 엄마에게 잘해드리렴."

그렉의 한마디가 아들에게 큰 영향을 미쳤다. 그 후 몇 주 동안 엄마를 괴롭히는 일을 완벽하게 멈췄던 것이다. 가끔 성질을 부리기는 했지만 곧바로 사과하곤 했다.

아이들, 특히 10대들은 롤 모델을 갈망한다. 그들은 모든 곳에서 롤 모델을 찾는다. 일단 존경할 만한 대상을 발견하면, 그들을 따라서 자신의 행동을 변화시킨다. 그렉은 안토니오에게 완벽한 롤 모델이었다. "그렉에게 도움을 청하는 일이 쉽지는 않았어요. 하지만 내 평생 가장 잘한 결정이었죠." 안나의 말이다.

아이의 긍정적 롤 모델이 될 수 있는 교사, 코치, 친구에게 도움을 요청하는 것은 당신이 약하다는 신호가 아니다. 사랑의 행동이다. 물론 도움을 받는다고 해서 아이의 문제가 하루아침에 해결되지는 않겠지만, 좋은 출발점이 되는 것은 확실하다.

학교를 개입시켜라

그 다음으로 도움을 받을 수 있는 대상을 찾아보자. 나는 10년 동안 뉴욕 시의 공립학교에서 문제를 갖고 있는 부모들과 작업했다. 작업하는 동안 가장 도움이 필요한 부모들이 도움을 청하려 하지 않는다는 사실을 알게 되었다. 그리고 문제가 많으면 많을수록, 도움을 청하는 경우는 더 적었다.

아마 그들은 지쳐 있거나 학교 당국을 신뢰하지 않을 것이다. 그런 부모들은 불안이나 우울감에 시달리고 있을 가능성이 크다. 확실한 것은 그들이 고립될수록 문제도 악화되리라는 사실이다. 나도 안다. 자신의 문제를 내보이고 도움을 청하는 일은 절대로 쉽지 않다. 하지만 좋은 부모가 되기 위해서는 아이들에게 이로운 방향으로 가는 것이 맞지 않겠는가?

Case Study

남편과 아들을 모두 바꾼 파멜라^{Pamela} 이야기

파멜라는 싱글맘이 아닌 싱글맘이다. 그녀는 '군인을 남편으로 둔 엄마' 역할이 그렇게 어려울 줄은 꿈에도 몰랐다. 남편인 데본^{Devon}이 이라크에 배치됐을 때, 그를 다시 못 볼 수도 있겠다고 생각했다.

그런데 3년이 지난 후에도 데본은 살아 있었고 이라크에서 임무를 수행했다. 그의 이라크 생활이 언제 끝날지는 예상할 수 없었다.

데본이 휴가를 나왔을 때, 파멜라는 그가 완전히 다른 사람이 되었다고 느겼다. 그는 술을 많이 마셨고, 작은 일에도 화를 냈으며, 하루 종일 잠만 잤다. 여덟 살배기 아들 아론^{Aaron}이 아빠에게 놀아달라고 조르는 것을 본 파멜라는 마음이 찢어지는 듯했다.

아빠가 집에 머무는 동안, 아론은 더할 나위 없이 올바른 행동을 보였다. 하지만 데본이 이라크로 떠나면 아론의 행동은 정반대로 변했다. 반항적 불량행동을 시작하는 것이다. 아빠로부터 버림받았다는 느낌이 그를 불량행동으로 이끌었다.

'아빠'라는 일관된 존재 없이 자란 많은 소년들처럼, 아론은 자신을 집안에서 유일한 남자라 인식했다. 아이의 마음속에서는 자신이 엄마에게 불량행동을 하는 것이 당연한 일이었다. 아빠가 했던 바로 그 행동이니까 말이다. 파멜라가 가장 두려워하는 일이 현실로 나타났다. 아론은 아빠를 닮아가고 있었다. 다정한 데본이 아니라, 침울하고 공격적인 데본을!

그녀는 다른 사람들 앞에서 밝은 표정을 짓기 위해 최선을 다했다. 파멜라는 자신의 악전고투를 누구에게도 말하지 않았다. 심지어 자신의 부모에게도 말이다. 누군가 남편에 대해 물으면, 그녀는 밝게 웃으며 군복 차림으로 찍은 데본의 멋진 사진을 보여주곤 했다.

파멜라는 자신이 얼마나 힘든지 내색하지 않았다. 아론이 수업을 방해하거나 식당에서 싸움을 했다면서 학교에서 데려가라고 연락이 왔을 때도, 파멜라는 학교 상담사에게 사과하고 아무 말 없이 아이를 집으로 데려갔다.

아론이 어렸을 때는 폭력적인 비디오 게임을 못하게 하는 엄마의 말을 들었지만, 지금은 하고 싶은 대로 다 했다. 일주일 내내 게임을 하기도 했다. 그 결과 아론은 전쟁과 살상에 대해 강박적으로 집착하기 시작했다. 파멜라에게 아빠가 얼마나 많은 적군을 죽였는지 자주 물었는데 학교에서 친구들에게 자랑하기 위해서였다.

파멜라는 무엇을 해야 할까? 아론에게는 아빠가 필요했지만, 데본은 집에 있을 때조차 없는 사람이나 마찬가지였다.

그러던 어느 금요일 오후였다. 나는 학교에서 퇴근하는 길에 파멜라가 계단 아래 그늘에서 울고 있는 모습을 우연히 보게 되었다. 그녀는 눈물을 감추려고 애쓰며 내게 사과했지만 울음이 멈춰지지 않았다. 그녀에겐 가짜로 밝은 표정을 지을 힘도 남아 있지 않았다.

나는 그녀가 아론의 엄마란 사실을 알고 있었다. 아론을 상담하는 건으로 몇 번 전화를 했지만, 그때마다 파멜라는 정중히 거절했다. 그녀는 심리치료나 상담이란 약한 사람이나 조금 모자란 사람들에게나 필요한 것으로 여기는 집안에서 자랐다고 설명했다.

오늘, 그녀는 자진해서 내 사무실을 찾아왔고 거의 한 시간 가까이 흐느꼈다. 다른 이들에게 자신의 절망적 상황을 내보인 것은 오늘이 처음이었다. 그녀는 자신의 절망과 무력감, 불공평하다는 느낌을 이야기했다. 속속들이 스며든 죄책감이 그녀를 약화시켰다. "군인과 결혼하는 게 아니었어요. 아론에겐 아빠가 없는 거나 마찬가지예요. 이 지경이 된 건 다 내 잘못이에요."

앞서도 말했듯, 이렇게 후회로 가득한 자기-비판의 느낌은 자녀를 양육할 능력을 약화시킨다. 그녀는 늘 누구에게도 의지하지 않고 자신의 힘으로 사는 것을 자랑스러워했다. 지금 그녀는 자기-불신의 늪에 빠져서, 아들에게 정상적인 아빠를 만들어주지 못했다는 죄책감을 무마하기 위해 아들의 못된 행동에 보상하고 있는 중이었다.

파멜라가 자신의 이야기를 밖으로 꺼내놓을수록, 그녀의 표정에서 긴장감이 사라졌다. 그녀가 자신의 감정을 감추고 다른 사람들 앞에서 가면을 쓴 것이 상황을 더욱 악화시킨 것이다. 고립은 결코 고통을 해결하는 방책이 아니다.

파멜라는 몇 주 동안 진행된 상담을 받기로 했다. 상담이 진행되면서 그녀는 우울감에서 놓여나는 느낌을 받았다고 했다. 도움을 받아들이는 것이 아론의 불량행동을 끝내는 첫걸음이었다.

그다음, 파멜라는 재향군인회 안에 있는 '군인을 남편으로 둔 엄마들의 지원 그룹'에 가입했다. 이제까지는 존재하는지조차 몰랐던 공동체를 발견한 것이다. 비슷한 처지의 사람들과 어울리면서 그녀는 자신의 문제를 공개적으로 공유했다.

그리고 그곳에서 파멜라는 자신의 남편이 외상후 스트레스 증후군PTSD, Post-Traumatic Stress Disorder에 시달리고 있음을 알게 되었다. 외상후 스트레스 증후군은 흔하게 겪는 일이긴 하지만, 치료받지 않을 경우 심각한 결과를 가져올 수도 있다. 파멜라는 남편 역시 치료가 필요하다는 사실을 인식했다.

몇 주 만에 파멜라는 원래의 활기를 되찾았고, 자신의 삶에 능동적인 자세를 갖게 되었다. 그녀는 운동을 시작했고, 무료 컴퓨터 강의를 수강했으며, 친구들과 점심을 함께했다.

그녀는 회복된 에너지와 집중력을 아론의 불량행동으로 돌렸다. 파멜라는 즉시 자신이 망가뜨린 모든 구조, 제한, 경계선을 회복시켰다. 그녀는 내게 이렇게 말했다. "일이 그 정도로 악화되도록 내버려두었다는 게 믿기지 않아요. 부모로서 나는 졸음운전을 한 거나 마찬가지였죠."

폭력적인 비디오 게임은 자취를 감췄고, 주말에만 30분씩 게임을 한다는 규칙이 시행되었다. 아론은 물론 좋아하지 않았지만, 엄마가 변했다는 것을 느낄 수 있었다. 엄마의 목소리는 단호했고, 자신에게 제한을 가하는 것을 더 이상 두려워하지 않았다. 아이는 이제 불량행동을 하며 지내던 시절이 끝났음을 깨달았다. 사실 아론은 엄마가 조금 무섭다고까지 느꼈다.

좀 이상하게 들릴 수 있겠지만, 아이들이 부모에게 약간의 두려움을 품는 것은 건강한 일이다. 충동적인 성격 때문에 어려움을 겪는 아론 같은 아이들에게는 특히 그렇다. 강렬한 욕구와 충동 사이에 정지 시간을 둠으로써 아론은 더 나은 선택을 하는 법을 배우게 되었다. 파멜라의 강력한 리더십 또한 아론의 불안감을 낮춰주었다. 아빠가 멀리 떠나 있더라도 엄마가 여전히 집안의 어른이며, 아론은 집안의 남자가 아니라는 사실이 명백해졌기 때문이다.

어느 날 저녁, 아론은 침대맡에서 자기가 느끼는 불안의 원천을 말로 표현할 수 있었다. 아빠가 전장에서 죽을 수도 있다는 두려움이었다. 아론은 무서운 전쟁 사진을 온라인에서 봤다는 사실도 엄마에게 고백했다. 부상당하고 죽은 병사들의 얼굴이 밤새 아론을 괴롭혔던 것이다. 어떤 날은 두려움 때문에 눈을 감을 수도 없었다고 했다.

파멜라는 아론의 이야기를 들으며 아이가 얼마나 괴로워했는지 알았다. 아이의 불량행동과 허세는 연기일 뿐이었다. 파멜라는 아론의 두려움을 진정시키면서, 아이를 돕기 위해 더 많은 것이 필요함을 깨달았다.

데본이 집에 돌아왔을 때, 그 역시 아내의 변화를 알아차렸다. 그녀는 더 이상 절망 속에 살고 있지 않았다. 그녀는 데본을 재향군인회로 데리고 가서 상담가를 만나게 했다. 그녀는 자신의 지원 팀에 데본을 소개했으며, 군복무 중인 부모를 가진 아이들과 함께 놀 수 있는 놀이학교에 아론을 등록시켰다.

심리 치료를 약자나 미친 사람에게만 필요한 것으로 여겼던 파멜라에게 이것은 길고 긴 여정이었다.

친구와 친지, 이웃에게 도움을 청한다는 것은 쉬운 일이 아니다. 하지만 그런 두려움을 치워버릴 때, 당신은 더 강한 사람이 된다. 불량행동을 하는 아이들은 강한 부모를 원한다. 전문 치료사, 학교의 상담사와 당국자들은 학교의 지원 서비스에 접근할 수 있고 지역사회의 상담센터가 제공하는 지원 서비스를 연결해줄 수 있다. 하지만 그것은 당신이 침묵을 깬 연후에 진행되는 일이다.

· 나에게 맞는 상담 전문가 선택하기 ·

우리는 자녀 양육의 황금시대에 살고 있다. 부모를 위해 그렇게 많은 전문적 보살핌과 지원이 제공되었던 적은 과거에 없었다. 인터넷에는 양육에 관한 정보가 넘쳐난다. 도서관, 서점, 주민자치센터 등에서는 자녀 양육 관련 책을 쓴 저자들의 강연이 진행된다. 학교나 지역사회에서 일하는 심리 치료사와 사회복지사도 많다. 하지만 자녀에게 적합한 전문가를 찾아내는 일은 쉽지 않다.

최근 내 사무실을 찾은 부모는 이렇게 말했다. "전문가를 찾는 과정 자체가 스트레스였어요. 아이에게 맞는 전문가를 찾아냈을 때는, 마치 내가 치료받아야 할 것처럼 느껴졌죠." 당신이 아이의 불량행동에 대해 대처한 후에, 자신도 전문가의 도움을 받는 게 좋겠다고 판단한다면 고려해야 할 사항 몇 가지가 있다.

학생 지도 상담교사와 접촉하자

경험 많은 학교 상담교사는 지역 내 아동·청소년 치료 전문가를 훤히 꿰고 있다. 그들을 통해 자녀와 부모 문제에 특화된 전문가를 소개받을 수 있다.

양육 워크숍이나 강연에 참석하자

학교, 치료 전문 기관, 자녀 양육 지원 기관 및 청소년 센터는 부모를 위한 무료 강연과 워크숍을 연다. 전문가에게 자신들이 어떻게 작업하고 그 과정은 어떻게 진행되는지 설명을 듣는다면 도움이 될 것이다. 다른 부모들의 질문도 유익하다. 만약 당신이 특정한 전문가의 강의에 끌린다면, 그에게 연락해 자문을 받으면 된다.

경험자로부터 추천을 받자

전문가에게 긍정적 도움을 받은 경험이 있는 친구, 동료, 친척이 있다면, 마음 편하게 추천받을 수 있을 것이다. 지인을 통해 과정이 어떻게 진행되는지 미리 알아볼 수도 있다. 경험자의 의견을 검토해 시간과 노력을 절약할 수 있고, 보다 올바른 방향을 찾을 수도 있다.

상담을 준비하는 방법

상담을 시작하기 전에 아이에 관해 상담할 내용의 목록을 준비하는 것이 좋다. 학업 평가나 수업 리포트 등을 가지고 가도 좋다. 아이의 장기간에 걸친 역사는 무엇보다 중요하다. 상담을 위해 준비를 많이 할수록 더 많은 것을 얻게 된다. 명심하자, 부모보다 아이를 더 잘 아는 사람은 없다.

3명의 치료 전문가와 상담하라

전문가들은 각기 다른 스타일과 접근법을 갖고 있다. 예를 들자면, 부모와 협력해서 작업하는 전문가도 있고, 아이와 단독으로 작업하는 것을 선호하는 전문가도 있다. 시간을 내서 최소한 3명의 전문가와 만나보자. 열성적인 부모들은 처음 만난 전문가를 선택하는 경향이 있는

데, 그래서는 나중에 후회할지도 모른다. 절대 서두르지 말고 인내심을 발휘하자. 그리고 부모로서의 느낌을 신뢰하자.

• 상담 전문가란 누구인가? •

사회복지사, 정신과 의사, 심리학자 등, 우리가 흔히 상담 전문가라고 부르는 사람들은 엄청나게 다른 훈련을 통해 독특한 전문성을 갖고 있으므로 그들 사이에 어떤 차이가 있는지 알아두는 것이 좋다.

임상 사회복지사Clinical social workers

사회복지학과에서 석사 학위를 마치고, 대개는 개인의 자율권을 지키는 방향으로 훈련 받는다. 사회복지사는 대화 요법이나 놀이 요법, 상담, 혹은 집단 작업을 통해 문제를 해결하는 실질적인 접근을 취한다.

정신과 의사Psychiatrists, 정신 약리학자psycho-pharmacologists

의학 학위를 갖고 있으며 무엇보다 약물을 처방할 수 있다는 것이 특징이다. 불안 혹은 주의력 결핍 장애에 대해 항우울제나 기타 약물 처방을 바란다면 이들을 만나는 것이 좋을 것이다.

심리학자Psychologists

박사 학위를 갖고 있으며 신경심리학적 평가(2장을 참고하라)를 제공한다. 그들은 난독증, 주의력 결핍 장애, 혹은 청각 처리 장애와 같은 학습과 지각상의 차이를 진단한다. 개인이나 집단 치료, 학습 전문가로부터의 개인 교습, 학습 방식의 변화, 혹은 학습에 대한 추가 지원 등을 통해 문제를 해결한다.

· 아동 및 청소년 상담 치료의 유형들 ·

아동 및 10대를 위한 치료 상담 유형은 수십 가지가 존재한다. 가장 대표적인 유형 몇 가지를 소개해보겠다.

놀이치료Play therapy

놀이치료 전문가는 장난감, 움직이는 모형, 게임, 미술 작품 등을 이용해서 아이들이 자신의 두려움과 걱정거리를 표현하도록 한다. 놀이치료는 감정상의 문제로 고통을 받고 있으면서 자신을 표현하는 일에 능숙하지 못한, 유치원 입학 전 아동이나 초등학생에게 최고의 효과를 발휘한다.

집단치료Group therapy

집단치료는 극도의 낯가림 등 사회적 문제로 고통 받는 아동이나 10

대에게 이상적인 방법이다. 집단치료는 다른 사람과 어울려 지내는 방법을 배우는 일에 도움이 된다.

인지행동치료CBT, Cognitive behavior therapy

CBT는 주의력 문제, 공포증, 강박증으로 힘들어 하는 아이들에게 적합한 방법으로 최근 큰 인기를 모으고 있다. 시간을 제한한 상태에서 다양한 기법을 사용하는데 이완 훈련, 일지 쓰기, 특정 행동과 감정을 전환하기 위한 워크시트 등을 도구로 사용한다.

가족치료Family therapy

경제적 곤란부터 별거, 이혼, 질병, 사망까지 가족은 온갖 종류의 장애를 경험한다. 가족치료 전문가는 가족 미팅을 통해 모든 가족 구성원이 자신의 걱정거리와 좌절을 표현하도록 돕는다. 가족치료의 목표는 긍정적 의사소통과 상호 존중을 재확립하는 것이다.

개인치료Individual therapy

자기 문제를 터놓고 얘기한 후 기분이 좋아지지 않는 사람은 없다. 거의 모든 전문가들이 대화요법을 사용한다. 단, 당신이 선택한 전문가가 제대로 훈련을 받았으며, 부모—자녀와 작업한 경험이 많은지를 꼭 확인해야 한다.

20년 동안 자녀들로부터 괴롭힘을 당하는 부모들이 내 사무실을 방문했다. 자신과 아이를 위해 도움을 얻는 일에 전향적 자세를 갖고 있는 부모들은 언제나 좋은 결과를 얻는다.

이 책에서 밝힌 것 외에도 도움을 받을 수 있는 곳은 많으니 용기를 내기 바란다.

8장

부모-자녀 관계를 깨뜨리는
7가지 위기

우리는 언제나 아이들을 곤경으로부터 지켜내려고 노력한다. 하지만 모든 상황을 한순간에 악화시키는 위기는 언제든 올 수 있다. 질병, 상해, 죽음 등의 도전 과제는 인간사회 어디서나 보편적인 것이고 불가피하다. 어떤 가족이라도 언젠가는 그런 문제들과 맞닥뜨리게 된다.

게다가 아이들은 그들만의 어려움을 겪는다. 시험을 망치고, 좋아하는 상대에게 거절당하고, 대학 입시에서 떨어질 수도 있다. 그런 실패와 손실들로 인해 삶이란 것이 우리가 계획한 대로 전개되는 것은 아니란 점을 이해하고 낙담도 하게 된다.

불량행동을 하는 아이들은 이런 곤경에 대처하는 데 더 큰 어려움을 겪는다. 아이들은 어깨를 으쓱하면서 '그런 건 신경도 안 쓴다'고 말할 수도 있다. 하지만 쿨한 척 하는 말에 속아선 안 된다. 그런 허세 뒤에는 부서지기 쉬운 여리디 여린 정체성이 숨어 있다. 그 아이들에게는 사소한 거부나 실패가 세상이 끝난 것처럼 보일 수 있다.

불량행동을 하는 아이들은 스스로를 위로할 수 있는 감정 자원이 부족하다. 좌절을 견디거나 자신의 충동을 제어하기 어려운 것이다. 그런 메커니즘 때문에 위기를 겪는 동안 감정적 긴장은 계속 높아지고 결국 긴장을 배출하기 위해 불량행동에 의존하게 된다.

아이들은 불안한 상황으로부터 자신을 지키기 위해 희생양을 찾는 경우가 많다.

"내가 비난할 수 있는 사람은 누구일까?"
"내가 책임을 떠넘길 수 있는 사람은 누구일까?"
"이건 누구의 잘못일까?"

당신이 짐작한 대로, 아이들이 가장 많이 비난하는 대상은 부모다. 위기 상황에서 당신의 행동이 너무나 중요한 이유가 여기에 있다. 당신의 행동은 아이가 인생의 도전 과제들에 어떻게 맞서야 하는지에 대한 기준이 된다.

차이를 만드는 것은 위기 자체가 아니라, 당신이 그 위기를 처리하는 방법이다.

• 절망의 순간에 무엇을 해야 할까? •

질병이나 상해와 같은 위기 상황은 난데없이 닥친다. 반면 금전적 위기나 학습 문제처럼 점진적으로 진행되는 위기도 있다.

어떤 위기일지라도 그 충격은 가족이 제대로 기능하지 못하게 만든다. 갑자기 일의 우선순위가 바뀌고, 계획과 일정이 바뀌고, 매일 하던 활동들이 지장을 받는다. 가족의 구조가 붕괴됨으로써 만들어진 불편한 느낌은 고스란히 아이에게 전해진다.

변화나 위기를 겪는 동안, 아이들은 내면에서 느껴지는 압박감을 방출하기 위해 부모에게 불량행동을 할 수 있다. 온순한 성격의 아이들조차 부모를 비난한다. 갑자기 아이가 당신을 공격한다면, 아이 자신이 취약하고 두려움에 떨고 있다는 신호라 봐야 한다.

두려움은 필연적으로 표출되고 해소되어야 한다. 그런데 자신이 느끼는 두려움을 말로 표현할 수 없거나 배출구를 통해 해소하지 못한다면 공황 발작이나 불면증, 공격행동과 같은 다양한 심신성 증상 psychosomatic symptoms으로 나타난다. 아이들은 자신의 본능적 반응에 휩싸이게 되는 것이다.

"내게 무슨 일이 일어나고 있는 걸까?"
"왜 내 몸은 이런 식으로 반응할까?"
"이러다 내가 미쳐버리는 것은 아닐까?"

위기는 감정을 증폭시킨다. 아이는 침울해 하고 변덕을 부린다. 별 것 아닌 일에도 느닷없이 심리탈진을 일으키거나 이유 없이 울음을 터뜨리기도 한다. 아이는 예측할 수 없는 방식으로 당신을 비난하고 괴롭히거나 또래나 형제를 공격한다. 이 모든 행동들은 위기에 의해서 밖으로 드러난 감정 불안의 신호다.

2장에서 목록으로 정리한 활동들(긴장 배출구를 만들고 자존감을 높이는 과제들)은 스트레스로 인한 신경의 긴장을 긍정적으로 해소하는 장을 마련해줌으로써 아이가 감정을 추스를 수 있게 도와줄 것이다.

· 위기의 타임머신 ·

위기는 퇴행을 불러온다. 궁지에 몰린 아이들은 어렸을 적 행동으로 되돌아가거나 과거에 집착하는 행태를 보이게 된다. 예전에 갖고 놀았던 장난감을 다시 찾거나, 불을 켜놓은 채 자겠다고 우기거나, 한밤중에 부모의 침대로 기어들 수도 있다. 불량행동을 극복했던 아이들이 다시 그 상태로 돌아가기도 한다.

부모 입장에서 아이들의 퇴행은 심각한 상황이다. 나는 공황 상태에 빠진 부모로부터 다음과 같은 전화를 자주 받곤 한다.

"열여섯 살이나 먹은 애가 왜 인형을 갖고 노는 걸까요?"
"열세 살짜리 아이가 왜 아기처럼 말하는 거죠?"

"왜 갑자기 혼자 자기 싫다고 하나요?"

너무 걱정할 필요는 없다. 이러한 퇴행은 아이가 자신의 일생 중에 가장 안전했던 시절로 돌아가려는 자연스러운 시도일 뿐이다.

Case Study

. . . .

도시로 이사 온 다나Dana 이야기

다나는 작은 시골 마을에서 태어나 성장했다. 열두 살이 되던 해 큰 도시로 이사했는데, 그 후로 다나는 혼자 자는 것을 거부했다. 오래 전부터 아이는 아무 불평 없이 자기 방에서 혼자 잠을 잤다. 하지만 이제 다나의 부모는 매일 아침 겁에 질린 동물처럼 부모의 침대 발치에 웅크리고 잠든 다나를 발견하곤 한다.

처음에 다나의 부모는 이 상황을 이해했다. 학교가 바뀌고 친구가 사라졌고 새로운 이웃에 적응하는 것이 아이에겐 어려운 일임을 알고 있었기 때문이다. 그래서 부모는 다나를 부모 방에서 잘 수 있게 해주었고, 어린 시절 잠들기 전에 읽어주던 동화를 다시 읽어주었다. 다나의 예전 친구들과 전화도 연결해주었다. 다나는 친구들과 예전 일을 얘기하면서 몇 시간씩 통화하기도 했다.

불행하게도 예전 친구들과 이전 학교에 대한 향수가 커질수록, 새로운 집에 적응할 희망은 줄어들었다. 다나는 옛날로 돌아가고 싶어 했다. 아이는 말대꾸를 하고 심리탈진을 일으키고 부모에게 공격적 행동을 했다.

얼마 지나지 않아 부모의 인내심이 바닥나고 말았다. 그들은 갈등을 완화하고 아이의 감정을 다독이기보다는 벌을 주는 쪽으로 돌아섰다. 다나를 자신들의 침실에서 쫓아내고 침대맡에서 동화를 읽어주던 일도 중단했다. 당연히 옛 친구들과의 통화도 더이상 할 수 없었다.

2장에서 이미 설명했듯, 처벌은 불량행동을 줄이는 데 전혀 도움이 되지 않는다. 문제 행동을 일으키는 원인인 핵심적인 감정 문제가 해결되지 않기 때문이다. 처벌에는 공감과 연민이 결여되어 있다. 처벌이란 아이를 학대해서 항복을 얻어내려는 부모의 시도일 경우가 많다. 이럴 경우 처벌은 더 큰 반발과 저항을 불러온다. 바로 다나의 경우가 그랬다.

다나는 학교에 가지 않겠다고 선언했고, 옷을 갈아입고 제 방을 정리하는 일도 거부했다. 심지어 샤워나 양치질도 하지 않았다. 전쟁이 시작된 것이다.

다나의 부모는 모든 것을 다 해주는 해결사형에 가까웠는데, 이제는 더욱 심한 벌로 아이를 압박했다. 아이가 좋아하는 인형, 컴퓨터, 휴대폰을 치워버렸다. 다나의 아빠는 침대도 치우고 침실 문도 뜯어내겠다고 협박함으로써 갈등을 더욱 고조시켰다.

다나는 난폭하게 대들었다. 이사를 해서 자신의 삶을 황폐화시킨 것에 대해 부모를 비난했다. 엄마를 '뇌가 없는 멍청한 아줌마'라고 부르기까지 했다. 마침내 다나의 부모는 도움을 요청하기로 했다. 그들은 난생처음 심리치료 전문가를 찾았다.

다나의 불량행동에 감춰진 진실

내가 다나를 처음 보았을 때, 아이의 증상은 간단한 문제처럼 보였다. 아이가 견디기엔 가족의 이사로 인한 스트레스가 너무 컸던 것이다. 다나는 친구를 잃었고, 어린 시절을 보낸 집을 잃었고, 평생 관계를 맺어온 사회문화적 공동체를 잃었다. 나는 대강 그 정도라고 생각했다.

그런데 아이와 상담을 하는 동안, 다나가 아주 작은 소리에도 깜짝깜짝 놀란다는 사실을 알아차렸다. 노크하는 소리, 자동차의 경적, 예기치 않은 순간에 울리는 전화벨 소리에 아이는 자리에서 펄쩍 뛰어오를 만큼 놀랐다. 나는 다나가 청각 처리 장애^APD를 갖고 있을지도 모르겠다고 생각했다.

간단히 설명하자면 '청각 처리'란 뇌가 소리를 분류하는 방식을 말한다. 청각 처리 장애가 있다면 학교 수업에 집중하거나 '쉬는 시간'처럼 구조화 되지 않은 시간을 견디는 능력이 떨어질 수 있다. 또한 APD 가설은 도시로 이사한 후 두통이 생겼다는 다나의 불평을 설명할 수도 있었다.

다나의 APD는 조용한 시골 마을에서는 표시 나지 않았을 것이다. 하지만 도시의 온갖 소음과 분주한 움직임은 그 증상을 확연하게 드러냈다. 다나가 새로운 생활에 적응하지 못하고, 끊임없이 안달하고 짜증을 냈던 이유가 그것이다.

그리고 그 결과 여러 가지 강박적 집착과 공포가 생겨났다. 다나는 누군가 밤중에 비상계단을 타고 올라와 자신의 방 창문으로 침입할지 모른다고 걱정했다. 아이는 등굣길에 납치당할까 두려워했다. 심지어 잠에서 깨었을 때, 부모가 사라지고 없을지도 모른다고 상상했다.

다나의 부모가 가한 벌은 아이의 불안을 가중시켰고 동시에 아이의 불량행동을 부채질했다. 다나를 피해망상 상태까지 몰아갔던 것이다. 아이가 고통에 몸부림쳤다는 사실엔 의문의 여지가 없다. 아이에게 필요한 것은 처벌이 아니라 도움이었다.

나는 다나의 부모에게 신경심리학적 평가(2장에서 논했다)를 받아보라고 권했다. 청각 처리 과정과 관련된 문제를 확인하기 위해서였다. 또한 나는 다나가 자기-위안적인 활동을 하도록 권했다. 지역의 주민자치센터에서 진행하는 미술 수업이나 요가 혹은 명상 수업에 등록할 수도 있다. 만일 다나가 혼자 수업을 듣는 것을 불안해하면, 부모 중 한 사람이 함께해도 좋다. 집 안에 시청각적 자극이 덜한 조용한 공간을 만들어주면 학교에서 누적된 긴장을 풀고 심신을 안정시킬 수 있을 것이다.

처벌은 비효율적일 뿐 아니라 부모-자녀 관계도 파괴한다. 아이의 불량행동을 끝내기 위한 기본 작업은 아이 내면에 깃든 긴장의 원천을 찾아내는 것이다. 다나의 부모는 아이의 문제 행동이 심리적 문제에 기인한 것임을 깨닫자, 훨씬 효과적인 의사 결정을 하고 아이에게 도움을 줄 방법들을 찾아냈다.

다나의 엄마는 양육 일지를 쓰던 중에, 예전에 살던 시골 집 근처에 반려동물 매장이 있었던 것을 기억해냈다. 다나는 그곳에서 동물들을 보는 것을 매우 좋아했다.

다나의 엄마는 집 근처의 쇼핑몰에 있는 반려동물 매장에 딸을 데리고 갔다. 그녀는 말했다. "다나의 얼굴에 활기가 돌아왔어요. 아이가 다시 웃는 모습을 보는 게 너무 기뻤어요." 다나 아빠에게 알레르기가 있어서 반려동물을 키울 수 없다는 말을 들은 매장 주인은 다나에게 방과 후에 매장에 와서 동물들을 돌봐주지 않겠냐고 제안했다. "그건 아주 단순한 일이었어요. 하지만 그것이 다나의 상태가 호전되는 전환점이었죠." 다나 엄마의 말이다.

일단 다나의 부모가 아이의 불안에 대해 인식하고 아이의 불량행동 원인이 무엇인지 알게 되자, 다나는 학교에 정을 붙이고 친구를 만들기 시작했다. 다나의 정서적 긴장을 덜어주는 것이 처벌보다 백배는 효과적이었다. 이제 다나는 예전의 자기 모습을 되찾았고 불량행동은 서서히 사라졌다.

· 적응을 위한 과도기 ·

모든 사람은 새로운 상황에 적응하기 위해 과도기를 거친다. 그런데 불량행동을 하는 아이들은 이 과정에서 특별한 도움이 필요하다. 가족의 생활에 중대한 변화가 생길 때는 3P를 염두에 두자.

즉 준비하기prepare, 처리하기process, 계획하기plan가 그것이다.

준비하기

만약 가정에 어떤 변화가 닥친다면, 사전에 아이에게 알려주도록 하자. 시간을 들여 변화에 대해 대화를 나눔으로써 아이가 느끼는 두려움과 근심을 표현할 수 있는 장을 만들어야 한다. 아이가 부정적으로 반응하더라도, 그 반응을 중단시키지 말라. 아이가 불안과 두려움을 억누르고 불량행동으로 전환하게 만들기보다는 그런 느낌을 솔직하게 표현하게 해주는 편이 훨씬 낫다.

정기적으로 가족회의를 하면서 다가올 변화에 대해 얘기하고 서로를 도울 수 있는 길을 찾자. 브레인스토밍은 변화로 초래되는 부정적 효과를 완화시켜준다. 가족 구성원을 결속시킴으로써 위기를 극복할 에너지를 얻는 것이다.

예를 들어, 당신이 새 집으로 이사할 예정이라면 아이와 함께 이사 갈 동네를 탐색하는 시간을 갖도록 하자. 지역의 청년문화센터에도 데리고 가자. 그곳에서 새로운 친구를 사귈 기회를 만들 수도 있다. 그 동네에 먼저 이사 왔던 아이들의 경험을 들을 수도 있어 새로운 동네에 긍정적으로 적응할 수 있게 된다.

변화에 대해 대비를 많이 할수록 적응할 확률을 높아지고, 스트레스 해소를 위해 불량행동을 할 가능성은 줄어든다.

처리하기

이사 날짜가 다가옴에 따라, 아이의 불안도 증가할 것이라 예상해야 한다. 아이의 불안과 걱정을 인식하고 아이가 자신의 감정을 잘 처리할 수 있도록 도움을 주자. 아이가 우울해 하고 짜증낼 가능성이 있음을 염두에 두자. 계획한 대로 나아가라. 아이의 부정적 행동에 지나치게 반응하지 말고 설교도 하지 말라. 또한 지나친 낙관으로 다음과 같이 말하며, 자녀의 걱정거리를 깔아뭉개는 것도 금물이다.

"이건 진짜 신나는 일이 될 거야!"

혹은 다음과 같은 말처럼 비판하는 것도 좋지 않다.

"넌 무슨 걱정이 그렇게 많니?"

노골적인 비교 또한 좋지 않다.

"너는 왜 형처럼 대범하지 못하니?"

이런 말들은 절대 아이를 편하게 해주지 못한다. 아이의 느낌을 인정하고, 아이가 자신의 경험을 표현하도록 만들 방법을 찾아야 한다. 당신도 걱정이 된다는 사실을 표현하는 것도 방법이지만, 당신의 리더십에 자신감을 가져야 한다.

예를 들어보자. "이 일이 네게 엄청난 스트레스일 거란 걸 알아. 사실 아빠도 조금은 긴장이 되는구나. 하지만 우리 가족이 뭉치면 다 잘될 거야."

명심하자, 당신의 아이는 변화라는 괴물에 포위된 채 벼랑 끝에 서 있다. 아이가 느끼는 불안과 두려움을 달랠 수 있도록 의사소통에 공을 들여야 한다. 사소한 것일지라도 아이의 노력을 칭찬하자. 과도기

동안 아이가 자신의 핵심 감정을 처리하도록 돕는 것은 매우 중요한 일이다.

계획하기

변화가 일어난 후에도 당신이 할 일이 있다. 상황이 안정될 때까지는 또 다른 장애물이 나타날 가능성을 예상해야 한다. 당신은 적절한 계획을 개발함으로써, 일어날 수 있는 곤란한 일들에 대해 아이를 준비시켜야 한다. 모든 가능한 곤경을 탐색하고 각각의 문제를 어떻게 해결할 것인지에 대해 전략을 세우자. 예를 들면 이렇다.

▶ 학교에서 집으로 가는 길을 잃으면 어떡하지?
▶ 학교에서 배가 아프면 어떡하지?
▶ 집 열쇠를 잃어버리면 어떡하지?

예기치 못한 사건에 대비한 계획을 만들어두는 것 자체가 아이들에게 심리적 안정을 제공한다. 문제 상황과 해결책에 대한 몇 가지 사례를 소개하겠다.

▶ 집으로 가는 길을 잃었다. → 엄마 아빠에게 전화해라.
▶ 학교에서 배가 아프다. → 담임선생님에게 알려라.
▶ 집 열쇠를 잃어버렸다. → 이웃집에서 기다려라.

아이와 함께 각각의 문제에 대한 해결책을 만들자. 아이가 충분히 준비되었다고 느끼면 자신감을 갖게 될 것이다. 모든 아이들은 계획을 좋아한다. 준비되었다는 느낌에 안심하고, 부모가 자신을 신뢰한다는 느낌을 좋아한다. 아이와 함께 계획을 만들면서 다음과 같이 말하는 것이 효과적이다.

"아빠(엄마)는 널 믿어. 넌 혼자서도 잘할 수 있단다."

· 7가지 양육 위기 ·

나는 아이의 불량행동을 촉발할 수 있는 가족의 위기 상황을 7개로 정리했다. 당신의 가족이 7가지 상황을 한 번에 맞닥뜨릴 가능성은 희박하지만, 7가지 위기 모두를 피하는 일은 불가능하다.

1. 질병과 부상
2. 트라우마
3. 이혼
4. 입양
5. 경제적 불안
6. 학습 문제
7. 죽음

나는 이제부터 당신이 이러한 곤경들에 맞서 가족을 이끌고 위기를 헤쳐 나갈 수 있도록 준비시키려 한다.

1. 질병과 부상

부모가 아프거나 사고로 다치게 되면 아이들의 우주는 서서히 멈춰 버린다. 안전하다는 느낌은 덧없이 사라진다. 아이들은 자신의 부모가 파괴되지 않고 훼손되지 않는 존재라고 생각하는 경향이 있다. 아무리 나이를 많이 먹어도 자신의 부모가 아파하는 모습을 보는 일은 충격적이다.

이는 우리가 아무리 많은 계획을 세우더라도 늘 예상치 못한 일이 일어난다는 사실을 일깨워주는 끔찍한 신호이기도 하다. 아이들은 부모가 병을 앓거나 다쳤을 때, 엄청난 걱정과 고통에 시달린다.

"엄마가 돌아가시면 어떡하지?"
"아빠가 회복되지 못하면 어떡하지?"
"나는 누가 돌봐줄까?"

이렇게 불온한 질문들은 엄청난 불안을 만들어내는데, 특히 불량행동을 하는 아이들에겐 그 불안도가 훨씬 높다는 게 문제다. 내면의 압박감이 커짐에 따라, 아이들의 충동은 걷잡을 수 없게 되고 아이 스스로 제어하기 어려운 지경이 된다.

유방암 진단을 받은 아니타^{Anita} 이야기

아니타는 병원에서 진단을 받고 망연자실했다. 그녀가 아프다는 것을 알고 가족과 친구들이 도움의 손길을 내밀었지만, 단 한 사람 예외가 있었다. 열다섯 살 먹은 아들 칼^{Carl}이었다.

"진단 결과를 알리자, 칼은 마치 짜증이 난 것처럼 행동했어요. 어깨를 한번 으쓱하더니 그때부터 나를 무시하기 시작했죠. 내가 쇠약해질수록, 아이는 점점 냉담해지고 적의를 보였어요. 내가 아프면 좀 더 상냥하게 대해줄 것이란 기대가 잘못된 거였어요."

지금 칼에게 무슨 일이 일어나고 있는 걸까? 아이는 왜 엄마의 병에 그런 반응을 보이는 걸까?

칼은 엄마를 잃는 것이 두려웠다. 항암제에 의해 엄마의 심신이 쇠약해져가는 것을 보며 두려움이 고조되었던 것이다. 사실 칼에게는 아니타뿐이었다. 칼이 걸음마를 시작할 무렵, 자동차 사고로 아빠를 잃었다. 엄마에게 무슨 일이 일어나면, 칼은 이 세상에 홀로 남게 되는 것이다.

칼은 엄마가 없는 삶이라는 상상할 수 없는 미래에 대한 두려움을 훨씬 견디기 쉬운 형태로 변환시켰다. 엄마에게 분노를 표출한 것이다.

경악스럽게도 엄마가 자신의 불량행동에 대해 화를 낼 때, 칼은 안도감을 느꼈다. 다시 예전의 엄마로 돌아간 것처럼 느껴졌기 때문이다. 아니타는 원래 활력이 넘치는 사람이었다. 칼에게는 쇠약해진 엄마에게 대드는 일이 엄마를 활기 있는 상태로 유지하게 만드는 방법이었다.

나와 함께 작업하면서 아니타는 자신이 칼의 불량행동에 맞서야 한다는 깨달음에 도달했다. 아니타가 암 진단을 받은 후, 그녀의 집은 음식을 하고 청소를 도와주는 사람들로 늘 북적였다. 그들로부터 도움을 받는 것이 큰 위안이긴 했지만, 엄마와 아들은 둘이서만 있을 시간이 없었다. 아니타는 이런 상황이 아들을 멀어지게 했다고 확신했다.

그녀는 아들과 단 둘이 있는 시간을 마련하기로 결심했다. 둘만의 조용한 저녁식사를 준비했던 것이다. 그녀는 아이의 불량행동을 해결하고, 두 사람 사이의 전쟁을 끝내고 싶었다.

저녁식사를 하는 동안, 칼의 긴장이 서서히 누그러졌다. 둘이서만 하는 저녁식사는 참으로 오랜만이었다. 아니타는 적당한 순간이 오기를 기다렸다. 칼이 가장 편안해진 순간 말이다. 때가 되었을 때, 아니타는 칼의 불안에 대해 직설적으로 말했다. "엄마가 아파서 네가 걱정한다는 것을 잘 알아. 나도 두렵지 않은 것은 아냐. 하지만 우린 함께 많은 어려움을 이겨냈잖니? 지금 이 상황도 이겨낼 수 있을 거야."

엄마의 말에 칼은 고개를 끄덕였다.

"난 더이상 싸우고 싶지 않아. 우리가 다시 한 팀이 됐으면 해."

칼이 흐느끼기 시작했고, 아니타는 칼을 안아주었다. 아들은 엄마의 포옹을 뿌리치지 않았다. "엄마는 아무데도 가지 않아." 아니타가 말을 이었다. "우리는 꼭 이겨낼 거니까." 그 후 칼은 예전 모습을 되찾았다. 집안일을 돕고 엄마가 병원에 갈 때 동행했다.

위기가 압도할 때, 아이들에게 가장 강력한 존재는 아이가 동질감을 갖는 부모다. 그들은 자신의 감정을 말로 표현하기 어려워한다. 부모가 혼란의 안개를 뚫고 다가와 자신에게 명료한 지침을 주길 바란다.

불량행동을 하던 아이도 자신이 이해되고 있음을 느끼면 급속도로 안정된다. 칼이 두려움을 표현할 수 있게 되자, 불량행동의 연료가 되었던 긴장은 말끔히 사라졌다.

아이들이 아프거나 부상당했을 때

어린아이들은 자신이 슈퍼 히어로나 된 것처럼 천하무적이라 믿는다. 하지만 얼마 가지 않아 상처 입기 쉬운 존재일 뿐이란 사실을 알아차린다. 발목을 삐고, 팔이 부러지고, 독감에 걸리게 되는데 이런 일들은 상상도 하지 않았던 것들이다. 슈퍼 히어로들은 절대 다치거나 병에 걸리지 않으니까.

일단 병에 걸리거나 다치면, 아이들의 관점은 극적으로 변화된다. 겁에 질린 채 다음과 같은 두려움에 시달리는 것이다.

"병이 낫지 않으면 어떡하지?"
"다른 나쁜 일이 일어나면 어떡하지?"
"내가 죽으면 어떡하지?"

아이들은 성장하면서, 자신만은 고통에서 예외일 것이란 신념에 배신당한다. 연령대를 불문하고 자신이 전능하지 않음을 인정하는 일은 충격이다. 문제는 위기를 겪는 아이가 불량행동을 할 때, 당신이 보이는 반응이다.

아이가 고통을 겪으니 불량행동을 해도 괜찮다는 함정에 절대 빠지지 말자. 진실은 정확히 그 반대다. 불량행동은 아이의 긴장과 불안을 고조시킨다. 불량행동을 하고 나면 아이들의 기분은 더 악화된다. 상황이 어떠하든, 불량행동은 절대로 선택지가 될 수 없다.

2. 트라우마

가족을 강타해서 정상 궤도에서 벗어나게 만드는 예상치 못한 사건들은 아이들에게 트라우마를 남긴다. 트라우마의 흔적인 감정적 상처는 치유하기까지 많은 시간이 걸린다. 그렇다면 트라우마를 남기는 사건엔 어떤 것이 있을까?

집을 날려버리는 허리케인만큼 강력하고 갑작스러운 사건일 수도 있고, 거리에서 당신을 위협하는 사람을 만나는 일처럼 섬뜩한 사건일 수도 있고, 가벼운 접촉사고처럼 온화한 사건일 수도 있다. 실제의 일이든 상상이든, 위험한 상황은 트라우마를 일으킬 잠재력을 갖는다. 그리고 트라우마는 안정감과 타인에 대한 신뢰를 약화시킨다.

트라우마를 갖게 된 아이들은 다시 안전한 느낌으로 돌아가고 싶어 한다. 안전을 확보하기 위해 아이들은 두려움에 대한 강한 심리적 방어벽(대표적 예가 '부정하기'이다)을 세운다.

방어벽을 통해 트라우마를 주는 사건에 아무런 영향을 받지 않았다는 환상을 만들어내는 것이다. 트라우마의 부정적 영향이 표면에 떠오를 때까지는 여러 주, 여러 달, 혹은 여러 해가 걸릴지 모른다.

트라우마를 겪은 후 불량행동을 하는 아이를 질책하거나 벌을 주어서는 안 된다는 점을 명심하자. 그들은 불확실성과 두려움으로부터 거리를 두기 위해 노력하고 있는 중이다. 질책이나 벌은 도리어 불안을 증폭하고 갈등에 기름을 뿌린다.

만약 아이가 트라우마로 힘들어하고 있다면, 부모로서 해야 할 일과 하지 말아야 할 일이 있다.

트라우마 이후에 해야 할 것

▶ 친숙한 활동을 통해 아이가 편안함을 느끼게 해준다.

▶ 아이의 감정 처리 방식을 존중해준다.

▶ 아이가 당신을 찾으면 언제든 응해준다는 사실을 알려준다.

▶ 아이가 개인적 시간을 갖게 해준다.

트라우마 이후에 하지 말아야 할 것

▶ 부모의 두려움과 불안감을 과도하게 공유하려 한다.

▶ 설교를 하거나, 원하지 않는 조언을 한다.

▶ 트라우마에 대한 토론을 강요한다.

▶ 아이에게 사교적이 되라고 강요한다.

불량행동을 하는 아이가 트라우마를 남긴 사건을 겪었다면, 감정의 균형을 찾을 수 있는 시간을 주어야 한다. 성급하게 감정에 맞서라고 강요하지 말자. 그런 식으로 몰아붙이면 아이는 자신이 침해당했다고 느끼고 분노로 반응할 것이다.

아이와 부드러운 관계를 유지하자. 당신이 아이의 감정을 존중할 때 더 큰 안정감을 느낄 가능성이 높다. 아이가 이해받고 있다고 느끼면, 아이가 부모에게 의지할 가능성은 높아지고 불량행동을 할 확률은 낮아진다.

3. 이혼

오래 전부터 이혼은 억울한 누명을 써왔다. 이혼은 가족의 평판을 훼손하는 행위로 여겨졌고, 이혼한 사람들은 공적으로나 사적으로 가혹한 평가를 받았다. 또한 이혼한 사람들에겐 아이들의 행복보다 자신의 필요를 앞세운 이기적인 사람이라는 꼬리표가 붙는다. 메시지는 분명하다. 무슨 일이 있더라도 가정을 지켜야 한다는 것이다.

최근 통계에 따르면, 미국에서는 13초마다 한 쌍이 이혼한다고 한다! 결혼의 절반 가까이가 이혼으로 끝나는 셈이다. 당신은 많은 커플들이 노력도 해보지 않고 갈라선다고 비난할 수 있다.

하지만 허구한 날 전쟁을 치르는 부모와 함께 사는 아이들에겐 이혼이 구원이 될 수 있다. 실제로 그런 아이들은 부모가 이혼할 때 안도감을 느낀다. 부모가 끝없는 갈등을 겪을 때 가장 고통받는 것은 아이들이다. 아이들은 부모에게 굴욕감과 배신감을 느낀다. 부모는 어떻게 해야 행복하고 충만한 삶을 살 수 있는지 보여주는 모델이어야 한다. 그런데 부모가 서로에게 불량행동을 하며 괴롭히는 모습을 아이에게 보여주고 있는 셈이다.

순탄치 않은 결혼생활을 이어가는 커플이 아이를 치료 전문가에게 보내는 경우가 많다. 사실 치료를 받아야 할 사람은 자신들인데 말이다. 서로에게 못할 짓을 하는 부모들은 최고로 숙련된 전문가도 치료할 수 없는 불량행동이 만연한 가족 문화를 만들어낸다.

명심하자. 치료는 주 1회, 1시간씩 진행되지만 아이들은 나머지 667시간을 부모와 함께 보낸다. 전쟁 중인 부모로 인해 촉발된 아이의 트라우마를 치료하는 것은 거의 불가능에 가깝다. 서로를 괴롭히는 것이 만연한 가정의 아이가 자신도 불량행동에 의존하는 것은 놀라운 일이 아니다. 부모 사이의 전쟁은 아이의 마음속에 뿌리를 내리고 내면의 평화를 앗아간다.

이런 아이들의 내면에는 아무런 희망이 없다는 느낌이 깊이 자리 잡고 있다. 부모가 갈등을 효과적으로 해결하는 본을 보이지 못하면, 아동기의 즐거움은 금세 고갈된다. 아이들은 비관주의자가 되거나, 자신의 나이에 맞지 않는 애늙은이가 되고 만다.

어떤 아이들에게는 불량행동이 이러한 비인간화 과정에 저항하기 위한 노력이다. 서로 싸우고 있는 부모에게 불량행동을 하는 아이는 부모의 관심을 받기 위해 애쓰는 중일 경우가 많다. 또는 부모가 서로에게 상처 주는 일을 막고 싶은지도 모른다. 부모가 공통의 관심을 기울여야 할 일(불량행동)을 만들어 그들을 결속시키는 역할을 한다고도 볼 수 있다.

그러니 당신의 결혼생활에 문제가 생기고 아이가 불량행동을 시작했다면, 두 사건은 서로 연결되어 있을 가능성이 매우 높다. 다시 말해, 그때가 당신과 배우자에게 도움이 필요한 시점이다.

커플 치료

커플 치료의 목표는 단순하다. 둘 사이의 의사소통을 회복하고, 친밀감을 재확립하는 것이다. 즉 지금까지 이어져온 감정적 싸움을 멈추고 갈등을 해결할 새로운 방법을 찾도록 도와주는 것이다. 커플 상담은 아이들이 갈등에 노출되는 일을 줄이면서 부족했던 의사소통의 장을 제공해준다.

여러 명의 치료 전문가를 만나본 후에 상담을 받을 전문가를 선택할 것을 권한다. 당신의 배우자도 동의한 전문가여야 한다는 사실을 잊지 말자. 그래야 진짜 작업이 시작된다.

만약 두 사람의 이별이 불가피하다면, 임박한 이혼에 대해 아이에게 미리 이야기해야 한다. 그럴 때 요긴한 팁을 몇 가지 알려주려고 한다. 이혼에 대해 설명한 좋은 책이 많으니, 여기서는 해야 할 것과 하지 말아야 할 것을 간단히 정리해 보겠다.

이혼할 때 해야 할 것과 하지 말아야 할 것

하지 말 것: 아이에게 당신 배우자에 대해 불평하기.

할 것: 결혼생활 문제는 당신과 배우자 사이에서 해결할 문제라는 점을 분명히 한다.

하지 말 것: 아이에게 아무것도 변할 건 없다고 말하기. 이혼은 모든 것을 바꾼다.

할 것: 슬픔과 후회 표현하기. 결혼생활의 종말을 맞아서는 그러는 편이 적절하다.

하지 말 것: 부부 간의 사적인 정보를 과도하게 아이와 공유하기. 당신은 선을 지켜야 한다.

할 것: 아이가 질문하는 것을 허용하고, 걱정을 표현하면 무엇이든 받아들여주자.

하지 말 것: 임박한 이혼에 대해 분노하는 아이를 벌주기.
할 것: 아이의 감정을 존중하고, 아이에게 일어나고 있는 일을 확인하고 처리할 시간을 주자.

하지 말 것: 이혼에 관련된 세부 사항까지 아이와 의논하기.
할 것: 당신과 배우자가 함께 동의할 수 있는 해결책을 찾기 위해 중재자와 함께 작업하자.

4. 입양

입양 자체는 위기가 아니지만, 입양에 불가피하게 포함되는 문제들과 함께 위기가 시작된다. 보통 아이들과 다르지 않게, 입양된 아이들도 동일한 분투를 겪어내고 동일한 발달 과업과 동일한 과도기를 겪는다. 불량행동 역시 자주 일어나는 일이다. 하지만 입양된 아이들은 자신들이 알지 못하는 일로 채워진 복잡한 과거라는 추가적 부담을 안고 있다.

"친부모는 왜 나를 포기했을까?"
"나는 친부모와 닮았을까?"
"내게 피를 나눈 형제자매가 있을까? 언젠가 그들을 만나게 될까?"

양부모들은 이런 질문에 답하는 것을 매우 곤란해 한다.

▶ 사실을 어디까지 알려주어야 할까?
▶ 아이를 친부모와 만나게 해주어야 하나?
▶ 생부와 생모에 대한 정보를 언제 알려주어야 하나?

입양된 아이들이 불량행동을 시작했다면, 자신들의 삶에 포함된 미지의 것들이 만들어낸 내적 긴장 때문일 경우가 많다. 입양된 아이들은 2가지 강렬한 바람 사이에 자신이 갇혀 있다고 느낀다. 자신을 낳아준 부모에 대해 알고 싶다는 바람과 영원히 알고 싶지 않다는 바람이다.

이러한 내적 갈등은 불안감을 높이고 분노를 유발한다. 항상 그렇지만 자신의 감정을 스스로 처리하기 어렵고 긴장이 스트레스로 구체화될 때 아이들은 자신의 스트레스를 부모에게 쏟아낸다. 위기를 겪고 있는 상태에서 입양된 아이들이 내뱉는 독한 말들은 다음과 같다.

"왜 내가 당신 말을 들어야 해? 당신은 진짜 엄마도 아니잖아?"
"당신은 나를 낳은 적이 없어! 그냥 사온 거지!"
"당신은 내가 진실을 알지 못하게 막고 싶은 것뿐이잖아?"

이런 말은 당신의 마음에 상처를 주고 당신을 시험하기 위해 고안된 것이다. 당신을 난폭하게 밀어내는 말 속에 숨겨진 메시지는 무엇일까? 그 아이들이 진짜로 하고 있는 말은 다음과 같다.

"내게 주던 사랑을 이제 끝내려고 하나요?"
"내 친부모처럼 당신도 나를 버릴 작정인 거죠?"
"내가 당신을 밀쳐내면, 당신도 나를 내칠 거죠?"

당신의 양육에 도전하는 공격을 참고 넘기지 말라. 또한 방어적으로 대응해서도 안 된다. 그런 공격을 받은 부모들이 주로 하는 소극적이고 허약한 대답들은 다음과 같다.

"어쨌든 법적으로는 내가 부모야."
"내가 친부모는 아니지만, 넌 내 말을 들어야 해."
"네가 열여덟 살이 될 때까지 너를 책임질 사람은 나야."

이러한 소극적 반응은 좋지 않다. 아래와 같은 보다 강력한 감정적 반응이 필요한 시점이다.

"누가 너를 낳았는지는 상관 안 해. 내가 네 부모니까!"
"난 절대로 너를 사랑하는 일을 멈추지 않을 거야!"
"네가 친부모에 대해 물으니 기쁘구나. 사실은 나도 궁금하단다."

입양된 아이거나 아니거나, 모든 아이들은 자기 부모의 사랑을 시험한다. 입양된 아이들은 자신들이 원치 않은 존재였다는 감정에 훨씬 더 괴로워한다. 그런 아이들에겐 지옥 같은 합리화보다 사랑을 선포하는 것이 훨씬 효과적이다.

당신이 입양한 아이가 정체성의 혼란으로 몸부림친다면, 당신이 자신의 편이라는 것을 확인하려는 시도라 봐야 한다. 그러니 아이가 불량행동을 시작했다면 그것을 다루는 원칙은 동일하다. 절대적인 확신을 갖고 대응하면 된다.

5. 경제적 불안

아이들을 키우다 보면 생각도 못한 일에 돈이 들어간다. 형편이 괜찮은 가정도 경제적으로 불안을 느끼게 된다. 그런데 실직이나 사업 부진, 투자 실패 등으로 돈이 말라간다면 부모 입장에서는 엄청난 불안감을 느끼지 않을 수 없다. 양육의 주요 기능은 자녀들을 외부 위협으로부터 보호하고, 그들에게 필요한 것을 공급하는 것이다.

가용할 돈이 부족해지면 부모로서 마땅히 해야 할 것을 못하게 되었다고 생각할 수 있다. 부모가 아무리 걱정을 숨기려 애써도 아이들은 부모의 불안을 바로 알아차린다. 경제적 위기가 닥치면, 부모는 불편한 의사결정을 하지 않을 수 없다.

▶ 우리가 경제적 곤란 때문에 힘들다는 것을 아이에게 알려야 될까?

▶ 그렇게 알려주는 것이 아이에게 이로울까, 해로울까?

▶ 아이들이 그 사실을 알게 되면 부담을 느낄까?

경제적 위기에 대한 반응은 부모들마다 다르다. 곤경을 숨기려고 애쓰는 부모도 있고 과하게 공유하는 부모도 있다. 곤란한 상황을 아이에게 '알릴 것이냐 말 것이냐'의 문제는 아이가 불량행동을 하는 경우에 더욱 복잡해진다.

아이에게는 부모의 경제적 위기가 부모를 괴롭히는 데 쓸 수 있는 더 많은 연료 역할을 한다. 불량행동을 당하고 있는 부모가 자신의 곤경을 숨기려 하는 것은 그리 놀라운 일이 아니다.

하지만 경제적 위기 상황을 아이에게 알리지 않는 것은 잘못이다. 아이들은 자신의 부모가 무한한 자원을 갖고 있다고 느껴서도 안 되지만, 가족이 곧 망할 위기에 처했다고 느껴서도 안 된다. 7장에서 소개한 것과 같이 주변의 지원을 모으는 방법이 이 문제에도 적용된다.

모든 문제가 그렇듯, 중요한 것은 위기 자체가 아니라 당신이 거기에 맞서는 방식이다. 경제적 위기를 부끄러워할 필요가 없다. 위기 앞에서 가족을 결속시키고 상황의 긴급함을 공유하는 일은 존중받아 마땅하다. 이런 종류의 위기는 부모가 적절히 다루기만 하면 긍정적으로 작용할 수도 있다.

경제적 위기에서 벗어나는 일에 동참하게 된 아이들은 책임감을 느끼고 가족의 미래에 대해 주인의식을 갖게 된다. 문제 해결에 기여할 수 있음을 알게 되면 아이들은 강해진다.

나와 작업을 했던 한 아이는 경제적 위기를 겪는 부모를 비난하는 쪽에서 도움을 주는 쪽으로 방향을 전환했다. 가족이 처한 곤경을 알게 되자 정신이 번쩍 드는 모양이었다. 아이는 자신이 가지고 놀지 않는 장난감을 벼룩시장에 내다 팔고, 신문을 배달해서 학교 급식비를 자신의 힘으로 해결했다. 가족의 위기가 아이의 책임감을 일깨웠던 것이다.

진심을 다해 가족의 위기를 아이와 공유했다는 것은 아이를 존중했다는 의미다. 이러한 존중이 아이의 자존감을 높여준 것이다. 그 후 아이는 부모에게 하는 불량행동에 흥미를 잃었다. 가족 앞에 놓인 상황이 구성원 모두가 힘을 합칠 것을 요구했기 때문이다. 그리고 그 상황이 아이에게 더 나은 선택을 할 수 있는 힘과 자율성을 부여했다.

6. 학습 문제

지금 당신이 직장에서 스스로 잘할 줄 모른다고 생각하는 일을 하고 있다고 상상해보자. 그런 상황에서는 아무리 노력해도 성공할 수가 없다. 당신의 동료와 상사가 끊임없이 당신의 잘못을 지적하고 잔소리를 해댄다고 생각해보자.

"그거 하나 하는데 뭐 그렇게 오래 걸려?"
"이렇게밖에 못하는 건가?"
"왜 일에 집중하지 않나?"

이런 말을 듣는다면 어떤 기분일 것 같은가? 사기가 떨어지고 피로와 무력감이 몰려올 것이다. 그러다가 나중에는 그렇게 당하는 것을 당연히 여기고 무신경해질 것이다. 학습 문제를 갖고 있는 아이들도 똑같다. 이는 말없이 다가오는 위기지만, 다른 위기 못지않게 파괴적이고 고통스럽다.

이런 아이들은 아무리 애써도 결코 칭찬받거나 성공할 수 없다고 느낀다. 학교에서 자신이 실패자라 생각하는 것은 견디기 힘든 고난이다. 매일 느끼는 절망감을 이기지 못해 부모를 괴롭히는 불량행동을 시작하는 아이들도 있다.

2장에서 살펴본 것처럼 진단되지 않은 학습 문제는 불량행동의 흔한 원인이다. 그것이 만성적인 긴장을 만들어내기 때문이다. 학교 성적이 부진한 것도 아이의 자존감을 해친다. 늦은 정보 처리, 빈약한 집행 능력, 혹은 주의력 결핍 장애 같은 것들은 겉으로 잘 드러나지 않지만 아이의 자기 신뢰감을 갉아먹는다.

이런 아이들은 제대로 할 수 없는 일에 대해 끊임없이 더 빨리 하라는 요구를 받는다. 자신이 이해할 수 없는 숙제를 해오라는 학교의 요구에 시달리며 자신을 실패자로 느끼는 것이다. 학교 밖에서도 이런 상황은 이어진다. 결국 아이들은 너무 긴장한 나머지 기진맥진하게 되고 불량행동을 통해 위안을 얻는 방법을 선택한다.

누누이 말하지만, 신경심리학적 평가가 아이들의 고통을 이해하고 회복의 길로 들어서게 하는 데 도움을 줄 수 있다. 일단 아이가 악전고투하고 있다는 사실이 확인되면, 학교 측으로부터 학습에 필요한 편의와 도움을 제공받을 수 있다. 학습 스타일이 어떻든 모든 아이들은 자신의 학습이 성공적이라고 생각해야 한다.

그러니 당신의 아이가 학교 수업에 심한 곤란을 겪고 있다면, 모든 사람을 고통에 몰아넣는 일을 끝내야 할 시점이다. 일반적 상담과 치료가 아이들에게 안정감을 줄 수는 있지만 만성적 스트레스의 원인인 학습 문제까지 해결하지는 못한다. 학습 문제 자체를 해결할 방법을 신속하게 찾아나서야 한다.

7. 죽음

어떤 죽음도 공정할 리가 없다. 그것은 적절한 시점에 오는 것도 아니고, 잘 계획된 일정에 맞춰 오지도 않는다. 오랜 병 끝에 죽음을 맞는 경우라도 충격은 이만저만이 아니다.

가족들은 자신이 속한 문화에 따라 죽음에 맞서는 방식이 제각각이다. 모든 문화에는 죽음을 둘러싼 의례rituals가 있다. 함께 모여 슬퍼하고 상실을 달래는 가족 나름의 체계를 의미한다. 특정 종교를 갖고 있지 않은 가족도 나름의 사적인 의식을 치르고 돌아간 사람을 기리는 절차를 갖는다. 사랑하는 사람들이 한데 모이는 것은 상실감을 치유하는 출발점이다.

부모들은 장례식이나 죽은 이를 기리는 행사에 아이들을 참석시켜야 할지 말지를 선택할 수 있다. 그 선택은 부모가 죽음을 어떻게 바라보는지를 반영한다. 죽음이라는 가혹한 현실로부터 아이들을 보호하고 싶은 생각이 아무리 강할지라도, 죽음은 피할 수 없는 삶의 일부다. 빠르고 늦은 차이는 있겠지만, 어떤 가족도 죽음과 대면하지 않을 수는 없다.

아이가 죽음을 기리고 상실과 슬픔에 대처할 수 있게 돕는 일은 매우 중요하다. 미래의 불가피한 상실과 맞설 수 있도록 아이를 준비시키는 일이기 때문이다. 그런 의미에서 죽음을 둘러싼 의식에서 아이를 배제하는 것은 좋은 선택이 아니다. 특히 그 아이가 불량행동을 하고 있다면 상황은 매우 복잡해진다.

Case Study

. . . .

아빠를 잃은 두 아이, 스콧Scott과 시몬Simone 이야기

아빠를 잃은 경험을 가진 두 명의 10대와 작업했던 일이 기억난다. 그중 하나인 스콧은 아빠의 장례식과 기일에 참석했다. 아이는 글짓기와 미술 작품, 토론을 통해 아빠를 잃은 느낌을 다른 사람과 공유했다.

내가 진행한 10대 그룹 워크숍에 참여했을 때, 스콧은 아빠의 죽음에 대해 열린 자세로 토론에 임했다. 그는 다른 참여자의 질문에 답했고 자신의 감정을 사람들과 공유했다. 모든 참여자들이 스콧의 솔직함과 용기에 감동받았다.

또 한 명의 10대인 시몬은 아빠의 장례식에 참석하지 않았다. 심지어 아빠의 죽음을 둘러싼 상세한 이야기도 전혀 듣지 못했다. 가족들이 장례를 치르는 동안 그는 사촌의 집으로 보내졌다.

시몬은 자신의 감정을 드러내는 것보다 숨기는 편이 낫다는 메시지를 받은 셈이다. 그가 울 수 있는 시간은 밤에 잠들기 전뿐이었다. 가족에게 죽음이란 말은 금기였다. 시몬의 엄마를 힘들게 한다는 두려움 때문에 논의되거나 언급되어서는 안 될 주제였던 것이다.

시몬이 슬픔을 억누르는 법을 익히기도 전에 깊은 분노감이 그를 휩쓸었다. 그는 어두운 성격으로 변했고, 학교에 흥미를 잃었으며, 불량행동으로 엄마를 괴롭혔다. 10대 시절을 보내는 동안, 자신의 슬픔에 대한 일시적 위로를 위해 마약과 술을 가까이했다.

앞에서 2개의 사례를 소개했는데, 두 죽음은 전혀 다른 결과를 가져왔다. 가족이 죽음을 둘러싼 감정을 다스리는 방식이 자녀의 인생 여정을 바꿨다고 해도 과언이 아니다.

포함시킬 것인가, 포함시키지 말 것인가

가족이 슬픔을 달래는 과정에 아이를 '어느 정도 관여시킬까' 하는 의사결정의 고려 요소는 아이의 기질과 나이일 것이다.

대여섯 살 꼬마라면 장례식이나 기념식 내내 가만히 앉아 있기 어렵다. 아이와 둘이서만 죽음에 대해 토론하거나 아이의 질문에 답해주는 것이 최선이다.

내가 만난 10대들 거의 대부분은 한때 죽음에 사로잡히는 경험을 했다고 고백했다. 죽음에 집착하는 것은 사춘기 청소년의 전형적 반응이다. 죽음에의 집착은 순수함의 상실, 혹은 부모가 전능한 존재가 아니란 사실을 깨달았음을 의미한다. 대부분의 아이들이 추모식을 불편해하지만 가능하면 참석하도록 최선의 노력을 해야 한다. 아이들을 그러한 행사에 포함시키는 것이 아이들로 하여금 죽음을 직시하고 자신의 슬픔을 당연하게 여기도록 돕는 길이다.

장례식이나 추모식을 진행하면서 부모가 결정해야 할 사항들이 있다.

"아이가 거부하는데, 강제로라도 장례식에 참석시켜야 할까?"

"고인과의 대면식에 참석하기에는 아이가 너무 어린 게 아닐까?"

"죽음에 대한 나의 개인적인 감정을 아이와 이야기해야 할까?"

이런 사항들은 심히 개인적인 문제이지만, 나는 불량행동을 하는 아이에 맞춰 죽음이란 주제에 접근하는 길을 찾아보려 한다.

죽음에 관해 이야기하기

불량행동을 한 경험이 있는 아이들은 자신이 취약하다는 느낌을 거부하는 경향이 있다. 그들은 죽음에 관해 이야기하고 싶어 하지 않는다. 슬퍼하고 싶지도 않다. 아이들은 슬픔에서 도망치기 위한 노력의 하나로 컴퓨터 게임이나 예능 프로그램에 탐닉한다. 혹은 스포츠나 또래와 함께하는 활동에 자신을 잃을 정도로 빠져든다.

방문을 잠그고 세상 밖으로 나오지 않는 아이도 있다. 시몬의 경우처럼 술과 마약에 의지해 상실의 고통을 마취시킬 수도 있다. 아이들은 그런 행동에 몰두함으로써 자신을 삼켜버릴 듯한 두려움과 절망을 회피한다.

절대로 아이에게 죽은 이에 대한 감정을 나누자고 강요해선 안 된다. 당신이 그런 식으로 강요하면 아이의 불량행동은 더 심해질 가능성이 크다. 아이들에겐 자신이 느끼는 고독과 슬픔을 표현해낼 수단이 없다.

당신은 죽음에 관한 이야기로 그들을 끌어들이고 싶은 충동을 자제해야 한다. 개인 공간을 지키고 싶어 하는 아이의 욕구를 존중하고 도움을 제공하는 것이 우선이다. 상실에서 회복되는 속도는 사람들마다 다르다. 사별의 아픔은 그리 쉽게 옅어지는 것이 아니다.

당신의 아이가 불량행동을 하고 있다면, 특히 인내심을 발휘할 필요가 있다. 애도 기간 동안, 당신을 지원해줄 팀에 도움을 청하고 스스로를 돌보는 일에 더 신경 써야 한다. 그래야 당신은 상실의 기간 중에도 아이의 불량행동을 견디고 굳건한 리더십을 발휘할 수 있다.

아내가 내게 해준 이야기가 있다. 그녀는 할머니의 추모식에서 울음을 터뜨린 아버지의 모습을 결코 잊을 수 없다고 말했다. 울고 있는 아버지를 지켜보는 것은 당황스러운 일이었지만, 아내는 그 눈물 속에서 위안을 찾았다고 한다. 장인어른은 자신의 우는 모습을 딸에게 보임으로써 슬픔을 드러내도 괜찮다는 메시지를 전한 셈이다.

당신의 슬픔을 다른 사람과 공유하고 죽음에 대한 상실감을 표현하는 시간은 자녀 양육에 있어 통렬하게 아픈 순간들 중 하나다. 아이는 그 경험을 불편하게 느끼겠지만, 그러한 표현이 부정이나 절제보다 훨씬 나은 선택이다.

이러한 행동을 통해 아이는 당신을 더 가깝게 느끼고, 가족에게 중요한 순간에 자신이 포함되었다고 생각하게 된다. 공개적으로 슬픔을 표현하는 부모들은 아이에게 '불량행동을 통해 자신을 보호하려 하지 말고 슬픔을 마음껏 드러내도 좋다'라고 말하고 있는 것이다.

부모의 죽음

엄마나 아빠를 잃는 일보다 더 충격적인 일이 있을까?

부모를 잃은 후의 혼자 된 느낌보다 더 외로운 경우는 없다. 마음속의 혼란을 피하는 것은 불가능하다. 이제까지 편안하고 따뜻했던 집이 갑자기 북받치는 슬픔으로 가득한 장소가 된다. 온순하고 활발했던 아이들이 어둡고 예민해지고, 하룻밤 사이에 전혀 하지 않던 불량행동을 시작하기도 한다.

죽음이 초래한 부정적 느낌을 달랠 수단이 없는 아이는 낙담한다. 많은 아이들이 학교에 결석하거나 친구와 거리를 둔다. 마음 깊은 곳, 슬픔의 아래에는 죽음의 불공평함에 대한 분노가 자리 잡고 있다. 영화나 게임 속에서는 죽음이 끝이 아니지만, 실제의 삶에서는 그런 선택지가 없다.

배우자의 죽음을 겪은 부모는 2배의 불량행동에 시달릴 확률이 높다. 남아 있는 부모 역시 슬픔에 잠겨 있고 상실감에 몸부림치고 있기 때문에 상황은 최악이라 할 수 있다. 이때야말로 가능한 최대한의 자원을 동원해야 한다.

6장과 7장에서 알려준 방법들을 다시 떠올려보자. 학교 담당자에게 알리고, 가족과 친구들에게 도움을 청하고, 지원이 가능한 팀을 찾아내고, 아이를 같은 경험을 가진 아이들로 이루어진 집단 치료나 청소년 프로그램에 참석시키도록 하자. 남아 있는 부모는 자신과 아이가 세상과 단절되지 않도록 할 수 있는 일은 뭐든지 해야 한다.

위기에 직면했을 때, 부모는 리더십을 보일 필요가 있다. 아이들은 자신의 감정적 상처를 어루만져주는 강한 모습의 부모를 원한다. 이 말은 부모가 자신의 감정을 숨기거나 위기에 영향 받지 않은 것처럼 가장하라는 의미가 아니다. 오히려 그 반대다. 당신의 감정을 아이와 나누고 그 사건을 아이와 함께 처리하라. 불량행동을 하는 아이가 반응을 보이지 않더라도 멈추면 안 된다. 아이는 당신의 열린 마음을 존중하고 결국에는 당신이 본보인 그대로 따르게 될 것이다.

가족 구성원들이 한데 모여 위기를 함께 처리해야 할 때가 있다. 하나의 가족으로 결속을 이루는 것이야말로 최선의 회복 수단이자 가장 적절한 치유 방법이다.

· 자녀 양육을 다시 기쁨이 되게 하자 ·

20년 동안 스트레스에 지친 부모들이 내 사무실을 거쳐 갔고, 내가 진행하는 양육 워크숍에 참석했다. 나는 이 책 전체에 걸쳐 부모들의 관심사와 질문, 그리고 나의 조언을 소개했다. 부모들이 내게 말했던 가장 시급한 관심사 3가지를 언급하면서 이 책을 마치려 한다.

어떻게 하면 좋은 부모가 될 수 있나?

최고의 부모는 계속 성장하는 부모다. 내면의 성장은 훌륭한 양육에 필수적이다. 자신에 관해 성찰하는 부모는 시대에 뒤떨어진 양육 모델의 희생자가 되거나, 이전 세대가 저지른 잘못을 반복하는 일이 드물다. 또한 자기-혐오나 탈진 증후군에 시달릴 일도 거의 없다. 그들은 자신의 개인적 성장이 아이의 성장과 연결되어 있다는 사실을 인식하고 있다. 가족 내에 자아성찰의 문화를 만들어 아이들이 노력하도록 격려한다.

그런 부모들은 자신의 과거라는 족쇄에 갇히지 않고, 현재의 순간을 더 충만하게 살아간다. 이것이 좋은 부모로 가는 지름길이다. 좋은 부모는 아이들과 친밀한 관계를 유지하게 만들어주는 호기심과 개방성, 감사의 마음을 갖고 살아간다.

나는 왜 아이와 심하게 싸우게 될까?

양육에서 싸움이란 요소를 배제할 수는 없다. 양육 자체에 갈등이 내재되어 있기 때문이다. 진짜 의문은 '우리는 기꺼이 자신에게 도전하고 있는가?'이다. 모든 부모는 아마추어로 시작한다. 모든 것을 새로 배워야 한다, 그것도 힘들게!

양육은 외로운 싸움이다. 당신은 아이에게 때로는 영웅이지만 때로는 가장 큰 적이다. 눈 깜짝할 사이에 당신은 가정이라는 우주의 주인에서 운명의 잔인한 농담에 휘둘리는 희생자로 전락할 수 있다.

아이를 키우는 일은 예측이 불가능하다. 닥치면서 배울 수밖에 없다. 당연히 당신은 투쟁해야 한다. 양육이라는 탐사되지 않은 야생의 정글에 들어섬에 따라, 길을 잃은 느낌이나 후회에 사로잡히는 것은 당연하다.

양육은 정서적이고 심리적인 작업이다. 당신이 거의 제 정신을 차릴 수 없을 정도의 두려움에 휩싸일 때, 새로운 스킬과 로드맵을 만들기 위한 베이스캠프로 이 책을 사용해주었으면 하는 것이 나의 희망이다.

아이를 잘 키울 수 있는 자질이란 게 있는가?

마음챙김Mindfulness은 양육이나 자녀 교육과 함께 거론되는 단어가 아니다. 극기self-mastery도 마찬가지다. 하지만 둘 중 어느 하나라도 없으면, 아이와 건강한 관계를 맺는 일이 어려워진다. 부모들은 자신의 '행동'을 통해 가치 있는 것을 가르치는 존재이지, 결코 '말'을 통해 가르치는 존재가 아니다. 더 나은 의사소통과 더 나은 부모-자녀 관계로 나아가려면 아이들에게 원하는 행동의 본을 보여야 한다.

이 책 전체를 통해 보았던 것처럼, 성급한 사람이 아이와 좋은 관계를 맺는 경우는 드물다. 부모로서 최악이자 가장 고통스러운 기억은 내가 인내심을 잃었을 때 일어난 일이다. 내가 아이를 바꾸기 위해 안간힘을 쓰던 일을 그만두고, 내 자신의 문제 행동을 바꾸는 일에 집중했을 때(당연히 그렇게 하려면 더 많은 인내심을 발휘해야 한다), 아이와 나의 관계는 놀랄 만한 속도로 긍정적 방향으로 움직였다.

궁극적으로 모든 것은 부모와 자녀의 상호작용으로 귀결된다. 아이를 향한 부모의 행동이 원인이고, 부모를 향한 아이의 행동이 그 결과다. 원인을 바꾸면 결과를 바꿀 수 있다!

당신이 이 책에서 배웠던 도구와 통찰을 이용해 당신 아이와의 사이에 새롭고 긍정적인 관계, 즉 서로에 대한 감사와 존중으로 구축된 관계를 만들어가길 바란다.

행운을 빈다.

추천사

"끝도 없이 출간되는 육아 관련 책의 세계에 부는 한 줄기 신선한 바람이다."

제리 핑켈스타인 박사Jerry Finkelstein, Ph.D., The New School Counseling Center 이사

"부모를 지지하고 격려하는 실용적인 아이디어가 가득한 책이다."

앤드루 말레코프Andrew Malekoff, 『Group Work with Adolescents』의 저자.
North Shore Child Guidance Center의 CEO, 〈Social Work With Groups〉 편집장

"자녀의 연령에 상관없이 모든 부모에게 꼭 필요한 소중한 정보다."

에이미 마골리스 박사Amy Margolis, Ph,D., 칼럼비아 대학 의료센터, Brooklyn Learning Center의 신경심리학과 과장

"한 치 앞도 안 보이는 육아라는 커브 길을 가는 부모에게 바른 길을 안내하는, 명석하고 모순 없는 접근법이다."

지나 바넷Gina Barnet, 『Play the Part: Mastering Body Signals to Connect and Communicate for Business Success』의 저자

"당신 아이와의 관계를 정상으로 되돌리고 싶은 바람이 간절하다면, 이 책을 꼭 읽어야 한다. 아니, 사실은 두 번 읽어야 한다!"

밥 타운리Bob Townley, 〈Manhattan Youth〉의 창립자이자 대표이사

"자녀들을 똑똑하고, 상식적이며, 공감할 줄 아는 아이로 키우고 싶은 부모를 위해 창의성 넘치는 방법을 제시하고 있다."

로버트 볼튼Robert Bolton, 『People Skills, People Styles at Work and Beyond』 등의 저자

"이 책은 너무 훌륭하다. 책의 내용을 냉장고에 붙여놓고 매일 되풀이해서 읽고 따라
하고 싶다."
케이트 해리슨Kate Harrison, Lower Manhattan Community School 학부모회 부회장

"안내가 필요한 부모에게 더이상 좋을 수 없는 책이다. 정확하고, 힘이 넘치고, 간결
하고, 어떤 부모에게나 유용하다."
조지 와인버그 박사George Weinberg, Ph. D., 『The Heart of Psychology』의 저자

"사나운 물결에 양육이라는 항해가 위험해질 때, 부모가 꼭 지참하고 있어야 할 깔끔
한 매뉴얼이다."
빌 산티아고Bill Santiago, 코미디언이자 『Pardon My Spanglish』의 저자

"어떤 부모도 의지할 수 있는 완벽한 동료다."
페니 에크스타인-리버만Penny Ekstein-Lieberman, Toot Sweet Toys사 대표/CEO

"치료 상담 분야에서 가장 뛰어난 전문가 중 한 사람이 풀어낸 영감 넘치고 실질적인
생각으로 가득하다."
줄리 Y. 로우 박사Julie Y. Low, MD.

"부모들이 즉시 활용할 수 있는 현명한 조언의 보고이다."
장 쿤하르트Jean Kunhardt, Soho Parenting 대표

"섬세하고 미묘한 양육 기술에 대한 거장의 가르침을 들을 수 있다."
마리안 펄Marianne Pearl, 『A Mighty Heart and In Search of Hope』의 저자

✧ 당신은 언제나 옳습니다. 그대의 삶을 응원합니다. — **라의눈 출판그룹**

아이가 반항을 시작할 때

초판 1쇄 2018년 3월 12일

지은이 션 그로버
옮긴이 장은재

펴낸이 설응도
펴낸곳 라의눈

편집주간 안은주
편집장 최현숙
편집팀장 김동훈
편집팀 고은희
영업·마케팅 나길훈
경영지원 설동숙
전자출판 설효섭

출판등록 2014년 1월 13일(제2014-000011호)
주소 서울시 서초구 서초중앙로29길 26 (반포동) 낙강빌딩 2층
전화번호 02-466-1283
팩스번호 02-466-1301
e-mail 편집 editor@eyeofra.co.kr 마케팅 marketing@eyeofra.co.kr
경영지원 management@eyeofra.co.kr

ISBN 979-11-88726-11-0 03590